高等职业教育本科教材

反应器操作与控制

程雷相　主　编
李玉才　副主编
刘开明　主　审

FANYINGQI
CAOZUO
YU
KONGZHI

化学工业出版社
·北京·

内容简介

《反应器操作与控制》分三个单元，包含八个项目。单元一为化学反应器概述，主要内容是认识反应过程和反应器，介绍了反应器的概念、发展、种类、操作方式等；单元二是全书的主要部分，系统介绍了企业生产中常用的几种反应器——釜式反应器、管式反应器、塔式反应器、固定床反应器和流化床反应器；单元三为化学反应器的发展与评价，介绍了新型反应器以及对反应器的评价。

本书可作为高等职业教育本科、专科化工类相关专业的教材，也可作为化工企业相关人员的培训教材和参考书。

图书在版编目（CIP）数据

反应器操作与控制／程雷相主编；李玉才副主编. —北京：化学工业出版社，2022.10
ISBN 978-7-122-42560-7

Ⅰ.①反… Ⅱ.①程…②李… Ⅲ.①石油化工设备-反应器-高等职业教育-教材 Ⅳ.①TE65

中国版本图书馆 CIP 数据核字（2022）第 212776 号

责任编辑：提 岩　　　　　　　　文字编辑：崔婷婷
责任校对：田睿涵　　　　　　　　装帧设计：李子姮

出版发行：化学工业出版社
　　　　　（北京市东城区青年湖南街 13 号　邮政编码 100011）
印　　装：北京盛通数码印刷有限公司
787mm×1092mm　1/16　印张 12¾　字数 312 千字
2023 年 6 月北京第 1 版第 1 次印刷

购书咨询：010-64518888　　　　　售后服务：010-64518899
网　　址：http://www.cip.com.cn
凡购买本书，如有缺损质量问题，本社销售中心负责调换。

定　　价：42.00 元　　　　　　　　版权所有　违者必究

前言

教材改革是职业院校教育教学改革的重要组成部分。化学反应及反应器方面的课程是化工类专业的核心课程，对高职而言，其核心内容是操作和控制反应器。本书是根据全国石油和化工职业教育教学指导委员会提出的关于化工类专业人才培养目标和新制定的教学计划要求进行编写的；遵循《国家职业教育改革实施方案》中的"三教"改革思想，以培养学生实践技能、职业道德及可持续发展能力为出发点，对接企业生产实际，从中提炼出典型的工作任务；以项目为导向，以任务为载体，按标准工作流程实施任务，以期培养生产岗位所需的核心能力。

本书以"实用、适用、够用"为原则，在内容选取上淡化了理论性强的学科内容和比较复杂的设计计算内容，将"任务实施"过程中所需的知识点通过最常用或学生最熟悉的途径予以呈现。实施任务的过程中，首先对任务作介绍，然后分析出任务实施过程中所需的理论知识引入"相关知识点"，最后通过"测验"环节巩固和提升学习成果。

本书分三个单元，包含八个项目。单元一为化学反应器概述，主要内容是认识反应过程和反应器，介绍了反应器的概念、发展、种类、操作方式等，让学生对反应器有一定的概念认知，引导学生深入学习反应器的相关内容，培养学生的初步印象及学习兴趣；单元二是全书的主要部分，系统介绍了企业生产中常用的几种反应器——釜式反应器、管式反应器、塔式反应器、固定床反应器和流化床反应器，培养学生认识反应器、学习如何操作和控制反应器及对反应器的维护和保养；单元三为化学反应器的发展与评价，介绍了新型反应器以及对反应器的评价，与时俱进，开阔视野，培养学生可持续发展能力。

本书由兰州石化职业技术大学程雷相担任主编，李玉才担任副主编。项目一、项目二和项目五由程雷相编写，项目三、项目四、项目六和项目八由李玉才编写，项目七由程雷相、杨述燕编写。全书由程雷相统稿，刘开明教授主审。

本书的编写工作得到编者所在学校领导和同事的关心和帮助，也得到了化学工业出版社、东方仿真科技（北京）有限公司以及兰州新区精细化工园区等单位的大力支持，在此一并致谢！

由于编者水平所限，书中不足之处在所难免，敬请广大读者提出宝贵建议和改进意见，并深表谢意！

编者

2022 年 8 月

目录

单元一　化学反应器概述

项目一　反应过程与反应器

【项目介绍】　　　　　　　　　　2	【任务分析】　　　　　　　　　　10
任务一　认识反应过程　　　　　2	【相关知识点】　　　　　　　　　10
【学习目标】　　　　　　　　　　2	知识点一　化学反应器概况　　　10
【任务介绍】　　　　　　　　　　2	知识点二　反应器的类型　　　　11
【任务分析】　　　　　　　　　　3	知识点三　反应器常用的材料　　16
【相关知识点】　　　　　　　　　3	知识点四　化学反应器在化工生产中的
知识点一　化学工业概况　　　　3	作用　　　　　　　18
知识点二　化工生产过程　　　　4	知识点五　反应器的操作方式　　19
知识点三　化学反应的分类　　　6	知识点六　反应器系统的操作内容　20
知识点四　化学反应工程　　　　8	知识点七　化学反应中异常现象的处理　23
任务二　认识化学反应器　　　　10	【知识拓展】　　　　　　　　　　23
【学习目标】　　　　　　　　　　10	化学反应器的研究方法　　　　　23
【任务介绍】　　　　　　　　　　10	【巩固与提升】　　　　　　　　　24

单元二　常用化学反应器

项目二　釜式反应器

【项目介绍】　　　　　　　　　　28	【相关知识点】　　　　　　　　　43
任务一　认识釜式反应器　　　　28	【实操训练】　　　　　　　　　　44
【学习目标】　　　　　　　　　　28	训练一　间歇釜单元仿真操作　　44
【任务介绍】　　　　　　　　　　28	训练二　连续搅拌釜式反应器单元实操　47
【任务分析】　　　　　　　　　　29	任务三　维护与保养釜式反应器　49
【相关知识点】　　　　　　　　　29	【学习目标】　　　　　　　　　　49
知识点一　釜式反应器的结构　　29	【任务介绍】　　　　　　　　　　49
知识点二　釜式反应器的分类　　38	【任务分析】　　　　　　　　　　49
任务二　釜式反应器的操作与控制　42	【相关知识点】　　　　　　　　　50
【学习目标】　　　　　　　　　　42	知识点一　釜式反应器常见的故障及处理
【任务介绍】　　　　　　　　　　42	方法　　　　　　　50
【任务分析】　　　　　　　　　　42	知识点二　维护要点　　　　　　51

【知识拓展】 51　　　　　　　　　　　　【巩固与提升】 52
反应器的工作原理 51

项目三　管式反应器

【项目介绍】 55　　　　　　　　　　　　【实操训练】 62
任务一　认识管式反应器 55　　　　　　训练一　管式反应器单元仿真操作 62
【学习目标】 55　　　　　　　　　　　　训练二　管式反应器实训操作 70
【任务介绍】 55　　　　　　　　　　　　**任务三　维护与保养管式反应器** 73
【任务分析】 56　　　　　　　　　　　　【学习目标】 73
【相关知识点】 56　　　　　　　　　　　【任务介绍】 73
知识点一　管式反应器介绍 56　　　　　　【任务分析】 73
知识点二　管式反应器类型与特点 57　　　【相关知识点】 74
知识点三　管式反应器的结构 59　　　　　知识点一　常见故障及处理方法 74
知识点四　管式反应器的传热方式 61　　　知识点二　管式反应器日常维护要点 74
任务二　管式反应器的操作与控制 62　　【知识拓展】 75
【学习目标】 62　　　　　　　　　　　　管式反应器在环保领域的应用 75
【任务介绍】 62　　　　　　　　　　　　【巩固与提升】 76
【任务分析】 62

项目四　塔式反应器

【项目介绍】 77　　　　　　　　　　　　【相关知识点】 94
任务一　认识塔式反应器 77　　　　　　【实操训练】 95
【学习目标】 77　　　　　　　　　　　　训练一　鼓泡塔反应器仿真操作 95
【任务介绍】 77　　　　　　　　　　　　训练二　鼓泡塔反应器的实训操作 102
【任务分析】 78　　　　　　　　　　　　**任务三　维护与保养塔式反应器** 106
【相关知识点】 78　　　　　　　　　　　【学习目标】 106
知识点一　气液相反应 78　　　　　　　　【任务介绍】 107
知识点二　气液相反应器的种类及特点 78　【任务分析】 107
知识点三　塔式反应器的结构 81　　　　　【相关知识点】 107
知识点四　塔式反应器的选型 89　　　　　知识点一　鼓泡塔反应器常见故障及
知识点五　塔式反应器的工业应用 90　　　　　　　　　处理方法 107
知识点六　鼓泡塔反应器传递特性 90　　　知识点二　填料塔反应器常见故障及
任务二　塔式反应器的操作与控制 93　　　　　　　　处理方法 108
【学习目标】 93　　　　　　　　　　　　【知识拓展】 109
【任务介绍】 94　　　　　　　　　　　　反应器设计要点 109
【任务分析】 94　　　　　　　　　　　　【巩固与提升】 110

项目五　固定床反应器

【项目介绍】　111
任务一　认识固定床反应器　111
【学习目标】　111
【任务介绍】　111
【任务分析】　112
【相关知识点】　112
知识点一　固定床反应器介绍　112
知识点二　固定床反应器的特点　112
知识点三　固定床反应器的结构及分类　112
知识点四　固定床反应器中的传质与传热　118
任务二　固定床反应器的操作与控制　123
【学习目标】　123
【任务介绍】　124
【任务分析】　124
【相关知识点】　124
知识点一　固体催化剂的使用　124
知识点二　固定床催化反应器的操作要点　130
【实操训练】　131
训练一　固定床反应器单元仿真操作　131
训练二　固定床反应器实训操作　136
任务三　维护与保养固定床反应器　140
【学习目标】　140
【任务介绍】　140
【任务分析】　140
【相关知识点】　141
知识点一　固定床反应器的安全保护装置　141
知识点二　常见故障及处理方法　141
知识点三　维护要点　142
【知识拓展】　142
氨合成塔的日常维护和巡检　142
【巩固与提升】　143

项目六　流化床反应器

【项目介绍】　144
任务一　认识流化床反应器　144
【学习目标】　144
【任务介绍】　144
【任务分析】　145
【相关知识点】　145
知识点一　流化床反应器介绍　145
知识点二　流化床反应器的结构　148
知识点三　流化床反应器中流体的流动　153
任务二　流化床反应器的操作与控制　160
【学习目标】　160
【任务介绍】　160
【任务分析】　160
【相关知识点】　160
【实操训练】　161
训练一　流化床反应器仿真操作　161
训练二　流化床反应器实训操作　167
任务三　维护与保养流化床反应器　170
【学习目标】　170
【任务介绍】　170
【任务分析】　170
【相关知识点】　170
知识点一　流化床反应器常见异常现象及处理方法　170
知识点二　流化床催化反应器常见故障及处理方法　171
【知识拓展】　172
移动床反应器　172
【巩固与提升】　173

单元三 化学反应器的发展与评价

项目七 新型反应器

【项目介绍】 176	任务二 认识微反应器 181
任务一 认识膜反应器 176	【学习目标】 181
【学习目标】 176	【任务介绍】 182
【任务介绍】 176	【任务分析】 182
【任务分析】 177	【相关知识点】 182
【相关知识点】 177	【知识拓展】 184
知识点一 膜催化反应器 177	生物反应器：生命科学的创新引擎 184
知识点二 膜生物反应器 179	【巩固与提升】 185

项目八 化学反应评价

【项目介绍】 186	【学习目标】 189
任务一 化工生产效果评价 186	【任务介绍】 189
【学习目标】 186	【任务分析】 189
【任务介绍】 186	知识点一 原料消耗定额 190
【任务分析】 187	知识点二 公用工程的消耗定额 190
【相关知识点】 187	【知识拓展】 192
知识点一 生产能力和生产强度 187	化工设备安全评价 192
知识点二 转化率、选择性和收率 187	【巩固与提升】 193
任务二 化学反应工艺技术经济 指标分析 189	

参考文献

单元一
化学反应器概述

项目一　反应过程与反应器

项目介绍

化学工业是国民经济的支柱性产业之一，是以化学方法为主的加工制造业，是根据化学的原理与规律，采用化学和物理的措施，将原料转化为产品的方法和过程。化工生产中的核心过程是化学反应过程，核心设备是化学反应器。通过本项目的学习，认识化学工业和化学反应过程，能够总结化学反应器的种类和特性。

 ## 任务一　认识反应过程

学习目标

知识目标
1. 掌握化学工业的概念及发展。
2. 掌握化工生产过程。
3. 掌握化学反应的种类。
4. 掌握转化率、选择性、收率的概念，熟悉化学反应过程的工艺指标。
5. 掌握化学反应工程的概念。

能力目标
1. 能绘制化工生产过程示意图。
2. 能通过不同的方法对化学反应进行分类。
3. 能辨析化学反应过程的工艺指标并推导它们之间的关系。

素质目标
1. 加强小组成员之间的合作能力。
2. 培养良好的语言表达和文字表达能力。

任务介绍

化学工业是我国国民经济的支柱产业。化学反应是化工生产过程中的核心环节。认识化学工业、化工生产过程与化学反应过程能为学习化学反应器打下良好的基础。

任务分析

在本次任务中,通过查阅相关资料,参加小组讨论交流、教师引导等活动,认识化学工业、化工生产过程及化学反应过程,总结化学反应过程的工艺指标,描述化学反应工程的概念及研究范畴。

相关知识点

知识点一 化学工业概况

一、化学工业及其发展概况

1. 化学工业的发展

早在数千年前,人们就知道利用化学的方法加工制造简单的生活用品,如制陶、酿酒、冶炼等。早期的化学工艺技术简单、生产水平低下,属于作坊式生产。

18世纪中叶,第一次工业革命之后,纺织工业兴起。纺织物的漂白和印染技术的改进,需要纯碱、无机酸等化工产品;农业需要化学肥料;采矿业需要大量的炸药。无机化学工业作为近代化学工业的先导开始形成。

19世纪中叶,随着钢铁工业的发展,炼焦工业相应兴起。以炼焦副产品煤焦油及其提取物(苯、甲苯、二甲苯、萘、蒽、苯酚等)为原料的有机化学工业得到迅速发展。

20世纪50年代,以石油和天然气为原料的石油化学工业发展迅猛。到60年代,已有80%~90%的有机化工产品是以石油、天然气为原料生产的,三大合成材料几乎全部来自石油化工。石油化工的发展,为现代化学工业的形成奠定了基础。

20世纪70年代的石油危机,促使化学工业在节能、技改、降低成本的同时,调整行业结构和产品结构,大量采用高新技术,使产品向深加工、精细化、功能化、高附加值方向发展,高分子化工、精细化工蓬勃发展。

20世纪80年代,科学技术的进步和社会发展对化学产品提出了更高的要求,化学工业的"精细化"成为发达国家科学技术和生产力发展的一个重要标志。精细化是指精细化工产品的总产值在化学工业产品总产值中所占的比例,也称精细化率。精细化率的高低,在一定程度上反映了一个国家的综合技术水平、发达水平和化学工业的集约化程度。

总之,化学工业的发展过程是由初步加工向深度加工发展;由一般加工向精细加工发展;由主要生产大批量、通用性基础材料,向既生产基础材料,又生产小批量、多品种的专用化学品方向发展。

2. 现代化学工业的特点

① 原料、产品和生产方法的多样性。
② 生产规模的大型化、综合化和产品的精细化。
③ 生产技术的密集化,广泛采用涉及多学科的高新技术。
④ 生产的清洁化,首要解决易燃、易爆、有毒、有腐蚀性等环境不友好问题。
⑤ 节约能量以及能量的综合利用。
⑥ 生产资金的高投入、高利润和高回收速度。

二、化学工业在国民经济中的地位

化学工业是国民经济的支柱性产业。在国民经济中，化学工业与国防科技各部门和人们衣、食、住、行及社会文化生活各方面息息相关，化学工业的产品渗透到现代社会生活的各个领域。

衣着：在棉、麻、毛、丝、人造纤维、合成纤维、皮革等材料的加工制造过程中，离不开化学工业提供的染料、软化剂、整理剂、漂白剂、洗涤剂、鞣剂、皮革加脂剂和光亮剂等化工产品。

饮食：在粮食、蔬菜、肉蛋鱼类、瓜果、酒和饮料等的生产、贮运等过程中，离不开化学工业提供的化肥、农药、饲料添加剂、食品添加剂、保鲜剂等化工产品。

居住：在住宅的建设、装修以及家庭陈列品等材料生产中，大量使用化学工业提供的涂料、黏合剂等各类化工产品。

交通：汽车、火车、飞机、摩托车、自行车等各种交通工具所用的塑料、橡胶、合成纤维、皮革制品以及涂料等都是化学工业提供的产品。

文化生活：在纸张、印刷品、光盘、录音带与录像带、胶卷、唱片以及收音机、电视机、随身听等视听器材设备的生产制造过程中，离不开化学工业提供的产品。

现代化学工业不仅使人民的生活丰富多彩，而且为其他产业的发展提供大量的原材料。化学工业对科学技术的进步，具有不可忽视的推动作用；同样，科学技术的进步，也有力地促进了化学工业的发展。

知识点二　化工生产过程

化工生产过程是将多个单元化学反应和生产操作，按照一定的规律组成的生产系统。其系统中包括化学、物理的加工工序。

（1）化学工序　以化学反应的方式改变物料化学性质的过程，称为单元反应过程。一般单元反应根据其反应规律和特点，可将单元反应分为磺化、硝化、卤化、酰化、烷基化、氧化、还原、缩合、水解等。

（2）物理工序　只改变物料的物理性质而不改变其化学性质的过程，称为单元生产操作过程。一般单元生产操作过程根据其操作过程的特点和规律可分为流体输送、传热、蒸馏、蒸发、干燥、结晶、萃取、吸收、吸附、过滤、粉碎等。

化工产品种类名目繁多，性质各异。不同的产品，其生产过程差异比较大。即使同一产品，原料路线的选择和加工方法不同，其生产过程也不尽相同。但无论产品和生产方法如何变化，一个化工生产过程一般都包括：原料的预处理、化学反应过程、产品的分离、"三废"处理与综合利用等，如图 1-1 所示。

一、原料的种类及预处理

1. 化工原料的种类

（1）化工基础原料　基础原料指用来加工化工基本原料和产品的天然原料。通常指石油、天然气、煤和生物质以及空气、水、盐、矿物质和金属类矿等自然资源。

（2）化工基本原料　基本原料指自然界不存在，经过加工后得到的原料。一般是指低碳原子的烷烃、烯烃、炔烃、芳香烃和合成气、三酸（硫酸、盐酸、硝酸）、两碱（氢氧化钠、

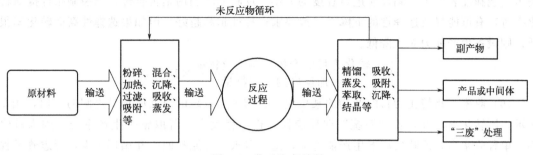

图 1-1 化工生产过程

碳酸钠)等。

(3) 化工辅助材料 在化工生产中,除了必须有原料外,还必须消耗各类辅助材料,它在生产的各个环节都可能用到。常用的辅助材料主要有助剂、溶剂、添加剂、催化剂等。

2. 原料预处理

原料预处理属物理过程,为化学反应服务。化学反应必须在适当的反应条件下才能迅速、充分、有效地进行,而通常情况下原料都含有各种杂质并处于一定的环境状态,为了使原料符合进行化学反应所要求的状态和规格,根据具体情况,不同的原料需要经过净化、提浓、混合、乳化或粉碎(对固体原料)等多种不同的预处理。

二、化学反应过程

化学反应过程是物理变化加化学变化的过程,是生产过程的核心。经过预处理的原料,在一定的温度、压力等条件下进行反应,以达到所要求的反应转化率和收率。反应类型是多样的,可以是氧化、还原、复分解、磺化、异构化、聚合等。通过化学反应,获得目的产物或其混合物,且在反应过程中,也必然伴随着不同的物理过程,如搅拌、混合、加热、冷却等。

1. 化学反应过程的工艺指标

(1) 反应时间 指反应物的停留时间或接触时间,一般用空间速率和接触时间两项指标表示。空间速率指单位时间内单位体积催化剂上所通过的反应物在标准状态下(0.1MPa、0℃)的体积流量。接触时间指一定操作条件下的反应物在催化剂上的停留时间。

(2) 操作周期 操作周期是指在化工生产中,某一产品从原料准备、投料升温、各步单元反应,直到出料,所有操作时间之和,也称之为生产周期。

(3) 生产能力与生产强度 生产能力一般指一台装置、一台设备或一个工厂,在单位时间内生产的产品量或处理的原料量。生产强度指单位容积或单位面积的设备在单位时间内生产的产品量或加工的原料量。

(4) 转化率 指参加反应的反应物量与进入反应器的反应物量之间的比值,用 x 表示。可逆反应达到平衡时的转化率称为平衡转化率。平衡转化率是一定条件下的最高转化率,该值可作为提高实际转化率、改进生产的依据。

$$x = \frac{\text{参加反应的反应物量}}{\text{进入反应器的反应物量}} \times 100\%$$

(5) 选择性 指转化为目的产物的某反应物量与参加反应的反应物量之间的比值,用 S

表示。选择性表达主、副反应进行程度的大小，反映原料利用是否合理。当控制条件提高转化率时，有可能导致选择性的下降，一般要求选择性越高越好。但如果选择性高而转化率很低，则设备生产能力大大降低。

$$S = \frac{转化为目的产物的某反应物量}{参加反应的反应物量} \times 100\%$$

（6）收率　指转化为目的产物的某反应物量与进入系统的总反应物量之间的比值，用 Y 表示。同转化率一样，若"系统"取反应器，称单程收率，若取整个生产系统，则为总收率。单程收率高，反映反应器生产能力大，意味着未反应原料回收和循环减少，标志着过程既经济又合理。

$$Y = \frac{转化为目的产物的某反应物量}{进入系统的总反应物量} \times 100\%$$

转化率、选择性和收率之间的关系：收率＝转化率×选择性。

（7）消耗定额　指生产单位产品所消耗的各种原材料的量，即每生产一吨 100％ 的产品所需要的原料数量。消耗定额是反映生产技术水平和管理水平的一项重要经济指标，是企业管理的基础数据之一。

$$原料消耗定额 = \frac{原料量}{产品量}$$

2. 化学反应过程的影响因素

（1）生产能力影响因素　主要有设备、操作人员素质和化学反应进行的状况等。
（2）其他影响因素　温度、压力、原料配比、物料的停留时间、反应过程工艺优化。

3. 化学反应过程检测与操作控制

（1）工艺参数的确定　温度、压力、原料配比、反应时间等。
（2）主要控制点和控制范围
① 主要控制点一般是温度、压力、压差、流量、液位等。
② 控制方法主要有给定自调、自动控制、仪表自控等。
③ 控制范围为主要工艺参数的控制范围。

4. 化学反应操作规程

化学反应操作规程即操作控制方案。操作人员根据工艺操作规程所要求的控制点，以及相关的工艺参数进行操作控制，完成合格产品的生产。

三、产物分离

产物分离主要是物理过程，分离出最终产品。反应产物通常是包括产品在内的处于反应器出口条件下的混合物，必须进行后处理。后处理的目的主要有：通过分离精制达到符合质量规格的产品和副产品；处理过程的排放废料达到排放标准；分离小部分为反应的原料进行再循环利用。以上每一步都需在特定的设备中，在一定的操作条件下完成所要求的化学和物理的转变。

知识点三　化学反应的分类

在化工生产过程中，化学反应的种类很多，为适应不同应用的需要，常将化学反应按不同的分类方法进行分类。化学反应的一些分类方法见表 1-1。

表 1-1 化学反应的分类

分类方法		内容	
按反应物相态		均相反应（气相、液相、固相）	非均相反应（气固、液固、液液、固固、气液固）
按反应的可逆性		可逆反应	不可逆反应
按反应机理		单一反应	复杂反应（平行反应、连串反应、平行-连串反应）
按反应的动力学特性		零级反应、一级反应、二级反应和多级反应（一般不超过三级）	
按是否用催化剂		催化反应	非催化反应
操作条件	按操作温度	等温反应、绝热反应、非绝热变温反应	
	按操作压力	常压反应、加压反应、减压反应	
	按操作方式	间歇、连续（平推流、全混流）、半间歇	

1. **平行反应**

反应通式可表示为：A→B，A→C。由相同反应物进行两个或两个以上的不同反应，得到不同的产物。其中反应较快或产物在混合物中所占比例较高的称为主反应，其余称为副反应。如苯酚和硝酸反应，反应过程中可同时得到邻位、对位、间位三种硝基苯酚。

2. **连串反应**

反应通式可表示为：A→B→C。其主要特征是随着反应的进行，中间产物同时可以进一步反应而生成其他产物，且中间产物浓度逐渐增大，达到极大值后又逐渐减少。连串反应是化学反应中最基本的复杂反应之一，也是化学工业中最重要的复杂反应之一。如苯氯化生成氯苯，氯苯还会进一步反应生成二氯苯等产物；甲醇在银催化剂的存在下制备甲醛，甲醛会进一步反应生成甲酸等。

3. **均相反应**

反应过程中所有参加反应的物质均处于同一相内的化学反应称为均相反应。

4. **非均相反应**

在反应发生时至少涉及两相，反应一般在两相的界面上进行，按相界面的不同可分为以下几种。

(1) 气固相反应　如工业上煤炭的燃烧以及气-固相催化反应等。

(2) 液固相反应　如用水和碳化钙制取乙炔。

(3) 气液相反应　如用水吸收氯化氢气体制取盐酸。

(4) 液液相反应　如用硫酸处理石油产品。

(5) 固固相反应　如陶瓷的烧结。

5. **绝热反应**

反应体系与环境没有热交换。反应过程温度会发生变化，如反应为放热反应，反应过程中温度上升；反应吸热，反应过程中温度会下降。等温反应是指反应体系与环境有热交换，且反应过程温度维持不变。

6. **间歇反应**

原料按一定配比一次投入反应器，待反应达到一定要求后，一次卸出物料。

7. **连续操作反应**

原料连续加入反应器，反应的同时连续排出反应物料。当操作达到定态时，反应器内任何位置上物料的组成、温度等状态参数不随时间而变化。

8. 半连续操作反应

也称为半间歇操作反应，通常是将一种反应物一次加入，然后连续加入另一种反应物。或者反应过程某种反应产物连续采出。反应达到一定要求后，停止操作并卸出物料。

知识点四　化学反应工程

化工生产过程宏观上分为原料的预处理、化学反应、产物的分离三个主要部分。其中化学反应是核心过程。解决化学反应过程实际的工程问题的学科是化学反应工程，它主要是针对实验室进行模拟化学反应，解决如何将该反应运用于工业上并制成合格产品，及选用什么样的反应器能让反应过程实现优质、高产、低消耗等问题。

一、化学反应工程的发展

自然界存在着物理变化和化学变化两种类型，其中物理变化可以不涉及化学变化，比如液态水结成冰，而化学变化过程总是和物理变化交织在一起，并和物理因素如温度、压力等密切相关。古代的金属冶炼、酒和醋的酿造、造纸等都是一些典型的化学反应过程。

1937年以来，泰勒、丹克维茨等人研究了均相、非均相反应的连续间歇过程，研究了反应器内的流体力学、传热和传质过程对化学反应过程的影响，还研究了反应设备的最佳条件。1947年，豪根与瓦特森将化学反应工程有关内容章节加入高等院校教科书中引起化工界的广泛关注。

直到第二次世界大战之后，随着生产规模的大型化、化学动力学和传递工程的深入，终于在1957年荷兰阿姆斯特丹举行的第一次反应会议上确立了这一科学名称。

在随后的发展中，由于原料路线、技术和设备方面的进步，尤其是生产规模大型化的迫切要求，反应工程必须从过去以经验为主的状态，过渡到系统理论基础的轨道上来。加上实验手段日臻完善、计算机技术的发展，为化学反应工程的发展奠定了良好的基础。为此人们进行了广泛的研究工作，并从均相到非均相采取了重大的进展。从低分子体系到高分子体系、从反应动力到传递过程、从定常态到非定常态以及从实验室研究到计算机模拟等，并扩展到生物化学、环境化学及电化学领域。

二、化学反应工程的范畴和任务

化学反应工程是一门和其他学科交叉的工程学科，以化学反应为研究核心，研究工业设备的一定尺寸下，传递和流体流动情况对化学反应的影响，从而深入了解反应器的特性，帮助人们进行反应器的选型、设计、优化操作和安全操作。

反应动力学是研究反应速率与各项物理因素（浓度、温度、压力及催化剂等）之间的定量关系，是反应工程的一个重要基础，是化工生产的决定性因素，指导人们选择合适的反应条件和合格的反应设备，确定反应器的规格和处理能力等。例如，常压、低温下合成氨在热力学上是可行的，但由于反应速率太慢而不具有工业生产的价值，只有研究出好的催化剂才能保证一定的化学反应速率。为此，德国化学家哈伯（Haber）等人采用了2500种配方，经过6500次试验，终于筛选出以铁为活性组织的催化剂，并一直沿用至今。

催化剂的问题一般认为属于化学或工艺的范畴，但实际上牵涉许多工程上的问题。如粒内的传热、微孔中的扩散、催化剂中活性组分的有效分布、催化剂扩大制备时各阶段操作条件对催化剂活性结构的影响、催化剂的活化和再生等。这许多问题的阐明,不仅对过程的掌握有帮助,而且对催化剂的研制和改进起到重要的指导作用。所谓催化剂的工程设计,就是指的这一方面。

装置中流体流动与混合情况如何,温度与浓度的分布如何都影响到反应的进程,而最终离开的物料组成,就完全是由组成这一物料的质点在装置中的停留时间和所经历的温度及浓度变化所决定。而装置中的这种动量传递、热量传递和质量传递(简称"三传")过程往往是极复杂的。当规模放大时,"三传"的情况也变了,因此就出现了所谓的"放大效应",其实放大效应并不具有科学的必然性,它只不过是在大装置中未能创造出与小装置中相同的传递条件而出现的差异而已。如果能够做到条件相同,加以适当匹配(而且事实上也有这种例子),那么就不一定有放大效应。总的来看,传递过程与反应动力学是构成化学反应工程的最基本的两个支柱。所谓"三传一反"仍是反应工程学的基础也正是这个意思。

工业装置上采用的反应条件,不一定与小试或中试一致。譬如在实验室的小装置内,反应器的直径很小,床层也薄,一般又常以气体通过床层的空间速度[m^3 气/(m^3 催化剂·h),简称空速]作为反应条件的一种标志。但在放大后,床层的高径比往往就不一样了,如要保持相同的空间速度,线速度就要改变,而线速度的大小影响到压降、流体的混合传热等情况,从而导致传热结果不与小试时相同。又如在小装置中进行某些放热反应时,温度容易失控,甚至为了补偿器壁的散热还要加热源,但在大装置中,传热和控温往往成为头等难题,甚至根本不可能达到与小装置相同的温度条件。所有这些都是出现所谓的"放大效应"的原因。因此,工业装置中的反应条件必须结合工程上的考虑才能最合理地确定。

至于反应器的形式,乍一看来,不外乎管式、釜式、塔式、固定床或流化床等,操作方式亦不外乎分批式、连续式或半连续式几种而已。但反应不同,规模不同,合适的反应器形式和操作方式也会不同,而且结果也不相同。譬如对液相的一级反应,在实验室中用分批法操作时,达到规定转化率和生产能力所需要的时间,比用连续流通的搅拌釜时所需要的停留时间要小得多。转化率越高,差别亦越大。如果有副反应存在,还将对产品的质量产生重大的差异;又如对一个气-固相催化剂反应,由于设想未来的大装置将是高径比很大,并且内加许多水平挡板的流化床,因而在小试或中试时也是用这样的反应器,但在放大时,因不可能用同样的结构尺寸(如床高、挡板的尺寸、板间距等),因此床内的流体流动、混合和传热等情况都发生了变化,不得不重新调整各种参数。诸如此类的问题说明反应器的形式和操作方式以及工业生产的操作条件都应当是结合了工艺和工程两方面的考虑后才得以确定的。

对于工艺流程,更是工艺与工程密切结合、综合考虑的结果。譬如为了实现某一反应,可以有多种的技术方案,包括热量传递、温度控制、物料是否循环等,何种方案最为经济合理,流程也就据此来进行调整。

化学反应工程的任务应包括下述几个方面:对现有设备改进强化,达到安全、高产、低耗;新设备、新技术的开发解决反应器的开发和放大问题;反应过程的最优化等。

任务二　认识化学反应器

学习目标

知识目标
1. 掌握化学反应器的概念。
2. 掌握化学反应器的种类及特点。
3. 掌握化学反应器常用的材料。
4. 熟悉化学反应器在工业中的作用。
5. 熟悉化学反应器的操作方式。
6. 熟悉化学反应操作中的异常现象及处理方法。

能力目标
1. 根据化学反应器的种类、特点和材质，能绘制不同反应器在不同场合下应用的思维导图。
2. 能判断反应器操作过程中出现的异常现象并及时处理。

素质目标
1. 增强团队协作能力。
2. 意识到安全操作反应器的重要性。
3. 培养良好的职业素养。

任务介绍

化学反应器是化工生产过程中的核心设备，为了适应不同的化学反应，在工业生产中出现了形状、大小、操作方式等不同的反应器。为了便于描述各种反应器的特点，达到正确选用反应器的目的，应学习反应器的分类方法和种类及反应器的基本操作。

任务分析

在本次任务中，通过查阅相关资料，参加小组讨论交流、教师引导等活动，认识化学反应器的分类方法及种类，描述反应器所用的材质，学习反应器开停车操作，对出现的异常现象做出判断并及时处理。

相关知识点

知识点一　化学反应器概况

什么是化学反应器？实验室用锌与盐酸反应制备氢气的装置，如图1-2所示。在实验室用锌粒与盐酸制备氢气时，首先固定并连接好装置，经检验气密性合格后，将锌粒加到试管中，打开酒精灯，加入一定量的盐酸后，试管内有氢气产生，化学反应为：

$$Zn + 2HCl \rightleftharpoons H_2 + ZnCl_2$$

该过程中，试管为化学反应的场所，化学反应在试管内进行，该试管即为化学反应器。

除试管外,实验室还用烧杯、烧瓶等进行化学反应,这些烧杯和烧瓶都是化学反应器。在化工生产中,化学反应在什么地方进行呢?

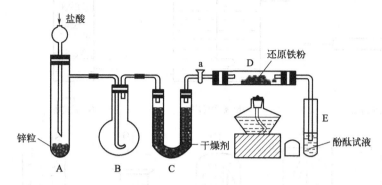

图 1-2　锌与盐酸反应制备氢气的装置

在化工生产中,由于反应温度一般在高温高压条件下进行,反应物料体积大等,化学反应一般在钢制容器中进行,如图 1-3 所示,这些钢制容器也称为化学反应器。化学反应器是用于化学反应的设备,是化工企业的关键装置。

图 1-3　某化工生产反应器实物图

化学反应器是化工生产过程的核心装置,也是最复杂的部分,是实现反应过程的设备。反应器广泛应用于有机化工、无机化工、精细化工等工业部门。工业反应器中主要的物理过程有:流体的返混、不均匀流动、传质过程和传热过程。这些物理过程与化学反应过程同时在反应器中进行,因此反应器设计是否科学、合理,其运行是否安全、可靠,直接关系到整套装置的安全性和经济效益。

知识点二　反应器的类型

反应器类型多种多样,划分依据不同,分类结果也就不一样。不同类型的化学反应器见图 1-4。

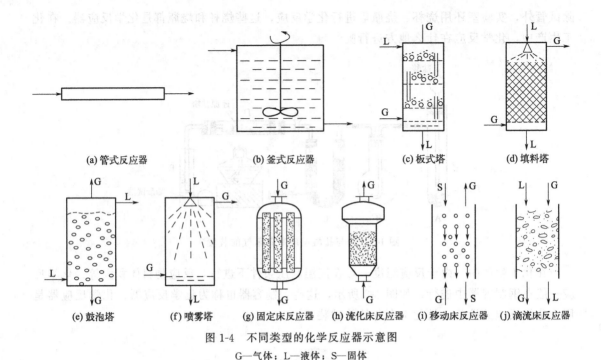

图1-4 不同类型的化学反应器示意图
G—气体；L—液体；S—固体

一、按反应系统涉及的相态（按物料聚集状态）分类

反应器可分为均相和非均相两大类。在均相反应器中无相界面，反应速度仅与温度和浓度（或压力）有关；非均相反应器内存在相界面，反应速度不仅与温度和浓度（或压力）有关，而且还与相界面的大小、相间扩散速度等因素有关。反应器按物料相态分类见表1-2。

表1-2 反应器按物料相态分类

反应器种类		适用的装置形式	工业应用举例
均相	气相	管式	烃类热裂解、二氯乙烷热裂解
	液相	釜式、管式	过氧化氢异丙苯分解、环氧乙烷水合
非均相	气液相	釜式、塔式	苯烷基化、对二甲苯氧化
	液液相	釜式、塔式	苯磺化、苯硝化
	气固相	固定床、流化床	乙苯脱氢、裂解汽油加氢
	液固相	釜式、塔式	离子交换、树脂法三聚甲醛
	气液固相	釜式、固定床、流化床	减压柴油加氢裂化

在均相反应器内，反应混合物均匀地混合为单一的气相或者液相，不存在相界面和相与相之间的传质，反应速率只与浓度、反应温度有关。根据反应混合物的相态不同，均相反应器又分为气相反应器和液相反应器。例如，石油气裂解反应采用气相均相反应器；精细化工中，乙酸和乙醇在液态催化剂作用下合成乙酸乙酯的反应采用液相均相反应器。

非均相反应器内，反应混合物处于不同的相态中，存在相界面和相与相之间的传质，反应速率除了与浓度、反应温度有关外，还与相界面大小及相间传质速率有关。根据反应混合物包含的相态的类别不同，非均相反应器又分为：气液非均相反应器、气固非均相反应器、液固非均相反应器、不互溶液液非均相反应器、固固非均相反应器、气液固三相非均相反应器。

二、按结构形式分类

这类分类方法实质是按传递过程特性分类，同类结构的反应器中的物料往往具有相同的流体流动、传热和传质特性，常见的反应器可分为釜式、管式、塔式、固定床、流化床等几种。它们的明显差异在于高径比不同或催化剂在反应器内的状态不同。反应器按结构形式分类见表1-3。

表1-3　反应器按结构形式分类

结构形式	适用反应	特点	工业应用举例
釜式反应器	液相、液液相、气液相、液固相、气液固相	靠机械搅拌保持温度及浓度的均匀；气液相反应的气体鼓泡	酯化、甲苯硝化、氯乙烯聚合、丙烯腈聚合等
管式反应器	气相、液相	流体通过管式反应器进行反应	轻柴油裂解生产乙烯、环氧乙烷水合制乙二醇等
塔式反应器	气液相、气液固相	气体以鼓泡的形式通过液体（固体）反应	苯的烷基化、乙烯氧化生产乙醛、乙醛氧化制乙酸等
固定床反应器	气固相（催化反应或非催化反应）	流体通过静止的固体催化剂颗粒构成的床层进行化学反应	合成氨、乙苯脱氢制苯乙烯、乙烯环氧化等

续表

结构形式	适用反应	特点	工业应用举例
流化床反应器	气固相催化反应	固体催化剂颗粒受流体作用悬浮于流体中进行反应，床层温度比较均匀	石油催化裂化、丙烯氨氧化、乙烯氧氯化制二氯乙烷等

(1) 釜式反应器　也称槽式反应器或锅式反应器，外形呈圆柱状，高径比一般在 1~3 之间，内部一般装有搅拌器，以使物料混合均匀，可用于有液相参加的反应。

(2) 管式反应器　由圆形空管构成，并带有管件，一般长径比很大，大于 30，大多用于气体均相反应，例如乙烷的热裂解反应。

(3) 塔式反应器　外形呈圆柱状，高径比较大，一般高径比在 3~30 之间，即介于管式反应器和槽式反应器之间，内部设有各种塔件，大多用于气液相反应，例如氨水碳化反应。

(4) 固定床反应器　外形呈圆柱状，内有流体分布装置和固体支撑装置，催化剂不易磨损，但装卸难，传热控温不易，接近平推流。例如，氨合成、乙苯脱氢、乙烯环氧化、甲烷蒸气转化。

(5) 流化床反应器　外形呈圆柱状或圆锥状，内有流体分布装置和固体回收装置，传热好、易控温，粒子易于输送，但易磨损，操作条件限制较大，返混较大。例如，石油催化裂化、萘氧化制苯酐、煤气化、丙烯氨氧化制丙烯腈。

三、按流体流动及混合形式分类

按流体流动及混合形式可分为：平推流反应器、理想混合流反应器、非理想混合流反应器。

(1) 平推流反应器　物料在长径比很大的管式反应器中流动时，如果反应器中每一微元体积里的流体以相同的速度向前移动，此时在流体的流动方向不存在返混，这就是平推流。

特点：各物料微元通过反应器的停留时间相同，物料在反应器中沿流动方向逐段向前移动，无返混，物料组成和温度等参数沿管程递变，但是每一个截面上物料组成和温度等参数在时间进程中不变，连续稳态操作，结构为管式结构。

(2) 理想混合流反应器　反应器的物料微元与器内原有的物料微元瞬间能充分混合（反应器中的强烈搅拌），反应器中各点浓度相等，不随时间变化。

特点：各物料微元在反应器的停留时间不相同，物料充分混合，返混最严重，反应器中各点物料组成和温度相同，不随时间变化。

(3) 非理想混合流反应器　实际反应器，主要是由于在反应器中的死角、沟流、旁路、短路及不均匀的速度分布使物料流动形态偏离理想流动。

四、按操作方式分类

按操作方式,反应器可分为间歇式、连续式、半连续式三种,见表1-4。

表1-4 反应器按操作方式分类

种类	适用反应	工业应用举例
间歇式	反应时间长、小批量、多产品品种	精细化学品合成
连续式	工艺成熟、大批量、反应时间短	基本化学品合成
半连续式	反应时间长、产物浓度要求较高	氨水吸收二氧化碳生产碳酸氢铵

(1)间歇式操作反应器　在反应之前将原料一次性加入反应器中,经过一定时间的反应,达到规定的转化率,即得反应产物,然后再一次性取出产物。间歇式操作反应器通常为带有搅拌器的釜式反应器。其特点是反应过程中,反应物的浓度逐渐减小且产物的浓度逐渐增大,由于存在加料、卸料和清洗等非生产时间,操作弹性大,反应器生产效率不高,主要用于反应时间长、小批量、产品种类多的生产场合,例如:精细化学品的生产。

(2)连续式操作反应器　反应物连续加入反应器且产物连续引出反应器,属于稳态过程,可以采用釜式、管式和塔式反应器。其特点是反应过程中,反应物和产物的浓度不随时间变化,反应器生产效率高,适宜大规模的工业生产,生产能力较强,产品质量稳定,易于实现自动化操作。例如:基础化学品的生产等。

(3)半连续式操作反应器　半连续式操作反应器介于间歇式、连续式操作反应器之间,预先将部分反应物在反应前一次加入反应器,其余的反应物在反应过程中连续加入,或者在反应过程中将某种产物连续地从反应器中取出,属于非稳态过程。其特点是反应不太快,温度易于控制,有利于提高可逆反应的转化率,适用于反应时间较长,产物浓度要求高的场合,例如氨水吸收二氧化碳生产碳酸氢铵。

五、按传热传质条件分类

按传热传质条件可以分为绝热式和换热式(包括外热式、自热式),见表1-5。

表1-5 反应器按传热传质条件分类

种类		特点	适用场合
绝热式		反应过程中不换热	热效应小,反应允许一定的温度变化
换热式	外热式	反应过程同时换热,换热介质来自反应体系以外	热效应大,反应要求温度变化小
	自热式	反应过程同时换热,换热介质来自反应体系	热效应适中,反应要求温度变化小

(1)绝热式反应器　在反应过程中不进行换热,反应放出的热被反应体系自身吸收而温度升高,或反应吸收的热来自反应体系而温度降低,即全部反应热使物料升温或者降温。

(2)外热式反应器　在反应过程中,反应物料进行换热,换热介质来自反应体系之外。

(3)自热式反应器　在反应过程中也进行换热,换热介质为反应前的低温反应原料。

知识点三　反应器常用的材料

📁 **想一想：**

你认识这些材料吗？它们可以应用在哪些反应器中？

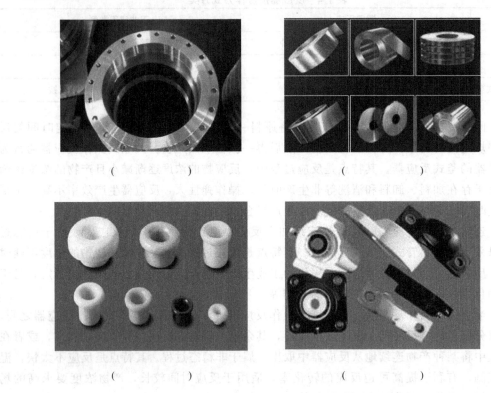

(　　)　　　　　　　　(　　)

(　　)　　　　　　　　(　　)

化工生产有其特殊性，因此对反应器的强度、密封性、耐腐蚀性等性能提出了很高的要求，对所用的材料也提出了很高的要求，常用材料主要分为两大类：金属材料和非金属材料。

一、金属材料

在工业上使用的金属材料一般不是纯金属，而是合金。绝大部分是铁的合金，常称为黑色金属，包括碳钢、合金钢和铸铁。设备的材质中也经常用有色金属及其合金，常用的有铝、铜、铅、钛等。

1. 碳钢

碳钢是含碳量小于2.11%的铁碳合金。除了铁和碳外，碳钢还含有少量的磷、硫、硅、锰等其他杂质元素。其中硫使碳钢有热脆性，磷使碳钢有冷脆性，因此硫、磷是有害杂质。硫、磷含量越小，碳钢的品质越好，碳钢依次分为三类：普通钢、优质钢和高级优质钢。

碳钢的力学性能较好，不但有较高的强度和硬度，而且有较好的塑性、韧性和制造工艺性。由于耐腐蚀性差，多数用在对钢腐蚀不大的介质中，若需要用在腐蚀性强的介质中，可用碳钢作容器的基体，在内表面衬上一层耐腐蚀材料。

2. 合金钢

为了改善碳钢的力学性能和耐腐蚀性能，特意在钢中加入少量合金元素，如铬、镍、钛、锰、钼、钒等，所得到的钢统称为合金钢。

低合金钢具有优良的综合力学性能和加工性能如可焊性、冷加工性能，并且有较好的耐腐蚀性和低温性能，因此在化工设备上应用广泛。

不锈耐酸钢是不锈钢和耐酸钢的总称。不锈钢是在大气、水及弱酸腐蚀性介质中耐腐蚀的钢，不锈耐酸钢是指抵抗酸及强性腐蚀介质的钢，耐酸钢同时是不锈钢。不锈钢中主要合金元素及其作用见表1-6。

表1-6 不锈钢中主要合金元素及其作用

序号	元素	作用
1	Cr	耐腐蚀主要元素，含量12%以上才有耐蚀性，超过30%降低钢的韧性
2	Ni	扩大耐蚀范围，提高耐碱能力
3	Mo	提高对氯离子的抗蚀能力和耐热程度
4	Ti	提高抵抗晶间腐蚀能力

耐热钢在高温下不发生氧化并有较高温度。在使用温度大于350℃时，无显著的蠕变，在570℃以上不发生氧化现象。

3. 铸铁

铸铁是含碳量为2%～4.5%的铁碳合金，其中硅、锰、硫、磷的含量都高于钢。碳在铸铁中以游离状态的石墨存在，铸铁的力学性能与石墨的形状、大小和分布状态有关。常用的铸铁有灰铸铁、球墨铸铁、可锻铸铁、耐蚀铸铁和耐热铸铁等。其中，灰铸铁的抗拉强度和塑性比钢低很多，但抗压强度并不低，具有良好的耐磨性、减振性、铸造性能和切削性能，应用较普遍。

4. 有色金属及其合金

有色金属及其合金材料应用见表1-7。

表1-7 有色金属及其合金材料应用

序号	名称	应用
1	铝	高纯铝可以用来制造装浓硝酸的设备；工业纯铝用来制造热交换器、塔、储罐、深冷设备及防止污染产品的设备
2	铝合金	铸造铝合金可以做泵、阀、离心机等；防锈铝可做深冷设备中液气吸附过滤器、分离塔等
3	铜	多用于制造深冷设备和换热器
4	铜合金	制造耐蚀和耐磨的零件
5	钛	可制成细丝薄片，在海水和水蒸气等多种介质中抗腐蚀能力强
6	钛合金	是一种很好的耐热材料，适用于制造航空发动机部件
7	铅	不适于单独制造化工设备，只能做设备衬里
8	铅合金	制造输送硫酸的泵、阀门、管道等

二、认识非金属材料

非金属材料具有耐腐蚀性好、品种多、资源丰富、造价便宜等优点，但也有机械强度低、导热常数小、耐热性差等缺点，因而在使用和制造上都有一定的局限性，常用作容器的衬里和涂层。

（1）化工陶瓷　化工陶瓷由黏土、瘠性材料和助熔剂用水混合后经过干燥和高温焙烧而成。化工陶瓷是化工生产中常用的耐蚀材料，许多设备都用它作耐酸衬里，还可以用于制造塔器、容器、管路、泵、阀等化工生产设备和腐蚀介质输送设备。

（2）化工搪瓷　化工搪瓷是由含硅量高的瓷釉通过900℃左右的高温煅烧，使瓷釉紧密附着在金属胎表面而制成的成品。

目前，我国生产的搪瓷设备有反应釜、储罐、换热器、蒸发器、塔等。

（3）玻璃　玻璃在化工生产中主要用作耐蚀材料，且玻璃中的SiO_2含量越高，耐蚀性越强。玻璃可用来制造管道或管件，也可以制造容器、反应器、泵、换热器衬里层等。

（4）辉绿岩铸石　辉绿岩铸石是用辉绿岩熔融后，铸造成一定形状的板、砖等材料，主要用来制作设备衬里，也可制作管道。

（5）塑料　塑料是一类以高分子合成树脂为基本原料，在一定温度下塑成形，并在常温下保持其形状不变的聚合物。一般塑料以合成树脂为主，加入添加剂以改善产品的性能。塑料广泛用于制造各种化工设备，如塔、储槽、容器、离心泵、通风机等，还可以制作管道、管件、阀门等，也可制作设备衬里，还可涂于金属表面制作防腐涂层。

（6）橡胶　橡胶由于具有良好的耐腐蚀性和防渗漏性，在化工生产中常用作设备的衬里层或复合衬里层中的防渗层，以及密封材料。

（7）石墨　石墨的耐蚀性很好，除强氧化性酸外，在所有的化学介质中都很稳定，但由于石墨的空隙率大，气体和液体对它具有很强的渗透性，因此不宜制造化工设备。

（8）玻璃钢　玻璃钢是用合成树脂做黏结剂，以玻璃纤维为增强材料，按一定方法制成的塑料。可制造化工生产中使用的容器、鼓风机、槽车、搅拌器等多种机械设备。

知识点四　化学反应器在化工生产中的作用

工业反应器外形大、结构复杂，设计制造要求高，自动化程度高，价格昂贵，其运转的好坏直接影响到产品的质量、产量以及原料的利用程度等，甚至影响到后面的分离过程，最终影响到经济效益。

化工生产安全第一。化工生产的特点是原料、半成品、成品多为易燃、易爆、有毒、有害的危险化学物质，化工生产工艺过程复杂多变，且高温、高压、高速、深冷等不安全因素多。由于化学反应器是对物料进行化学加工的设备，其物料的危险性、条件的苛刻性、过程的复杂多变性，在各类化工设备中是最突出的，因而对安全性的要求也是最高的。

优质、高产、低消耗是化工企业追求的目标，是提高企业竞争能力，获取经济效益的核心问题，而这实质上就是最佳化的问题。化学反应器的最佳化必须服从整套装置最佳化的要求，但化学反应器的最佳化对全局又有决定性的影响。以烃类裂解生产乙烯、丙烯的装置为例，当市场上对丙烯的需求量增加，丙烯的价格增长时，同样的原料，同样一套装置能够更多地产出丙烯便是效益增加，改变裂解炉的操作条件和催化剂种类，增加丙烯的选择性和收率，便是问题的关键。

"优质"与分离提纯关系更为密切，但一些复杂的分离问题可以通过反应的途径来解决，通过正确地选择反应器和催化剂，改变反应途径或者改变产品分布（提高选择性）来解决。同一个简单反应，在同样的进料和反应条件下，在体积相同的、同类型的连续操作反应器中进行时，所能达到的转化率不同。转化率低意味着原料利用率低，浪费多或者回收费用高。同一个复杂的反应体系，同样的条件下在不同的反应器中进行时，转化率不同，且选择性也不同。转化率低、选择性低意味着收率低、消耗大。因此，不同的反应系统选择不同类型的反应器，设计出结构合理、性能优越的反应器非常重要，对现有反应器进行操作、控制的优化非常重要。

因此，并不是任意一个容器都可以作为反应器，为了使化工生产过程尽可能达到"优质、高产、低消耗、安全、环保"的目标，生产中对反应器有如下的要求：

① 反应器要有足够的体积，以满足生产能力的要求。
② 反应器要有适宜的结构，具有良好的传质条件，便于控制反应物料的浓度，以利于生产更多的目的产物。
③ 反应器要有足够的传热面积。
④ 反应器要有足够的机械强度和耐腐蚀能力。
⑤ 反应器要易操作、易制造、易安装、易维修。

知识点五　反应器的操作方式

化学反应器有三种操作方式：间歇（分批）式、连续式和半连续（半间歇）式。

一、间歇（分批）式操作

采用间歇式操作的反应器称为间歇式反应器，其特点是将所需的原料一次性装入反应器内，然后在其中进行化学反应，经过一定时间后，达到所要求的反应程度时卸出全部物料，其中主要是反应产物以及少量未被转化的原料。接着是清洗反应器，继而进行下一批原料的装入、反应和卸料。所以间歇式反应器又称为分批式反应器。间歇反应过程是一个非定态过程，反应器内物系的组成随时间而变，这是间歇过程的基本特征。间歇式反应器在反应过程中既没有物料的输入，也没有物料的输出，即不存在物料的流动，整个反应过程都是在恒容下进行的。反应物系若为气体，则必充满整个反应器空间；若为液体，则不充满反应器空间，由于压力的变化而引起液体体积的改变通常可以忽略，因此按恒容处理也足够准确。

采用间歇操作的反应器几乎都是釜式反应器，其余类型极为罕见。间歇反应器适用于反应速率慢的化学反应，以及产量小的化学品生产过程，对于那些批量小而产品的品种又多的企业尤为适宜，例如医药等精细化工企业往往就采用这种间歇操作的反应器。

二、连续式操作

这一操作方式的特征是连续地将原料输入反应器，反应产物也连续地从反应器流出，采用连续操作的反应器称为连续式反应器或流动式反应器。前面所述的各类反应器都可采用连续式操作。对于工业生产中某些类型的反应器，连续式操作是唯一可采用的操作方式。连续式操作的反应器多属于定态操作，此时反应器内任何部位的物系参数，如浓度及反应温度等均不随时间而改变，但却随位置而改变。大规模工业生产的反应器绝大部分都是采用连续式操作，因为它具有产品质量稳定、劳动生产率高、便于实现机械化和自动化等优点。这些都是间歇式操作无法与之相比的。然而连续操作系统一旦建立，想要改变产品品种是十分困难的，即使较大幅度地改变产品产量也不易办到，但间歇操作系统则较为灵活。

三、半连续(半间歇)式操作

原料与产物只要其中的一种为连续输入或输出而其余则为分批加入或卸出的操作,均属半连续式操作,相应的反应器称为半连续式反应器或半间歇式反应器。由此可见,半连续式操作具有连续式操作和间歇式操作的某些特征。有连续流动的物料,这点与连续式操作相似;也有分批加入或卸出的物料,因而生产是间歇的,这反映了间歇式操作的特点。由于这些原因,半连续式反应器的反应物系组成必然既随时间而改变,也随反应器内的位置而改变。管式、釜式、塔式以及固定床反应器都可采用半连续式操作方式。

知识点六 反应器系统的操作内容

反应器及其辅助设备统称为反应器系统。反应器系统的操作内容分为开车前的检查、开车、停车及事故处理等。

一、开车前的安全大检查工作

开车前的检查是为开车扫清障碍、创造条件,避免出现危险事故。开车前的安全大检查内容包括:总体检查、工艺流程检查、反应器系统检查等。

1. 总体检查

① 设备是否按设计施工,施工质量是否符合规范和标准要求。
② 设备是否按设计要求安装,是否配套,工艺流程是否符合要求。
③ 消防设备、消防设施、劳动保护用品、防毒面具等是否齐全好用,安全通道是否畅通无阻。
④ 框架、构架、梯子、护栏、平台是否符合设计要求,正常巡检路线是否畅通无阻。
⑤ 装置照明完善,通信设施齐全好用;地漏畅通,房屋无损,仪表清洁,采暖通风及生活用水设施齐全。
⑥ 地面平整,下水井、排水沟等无杂物,管沟、盖板齐全完整。
⑦ 查出问题及时汇报。

2. 工艺流程检查

① 按照设计施工图的工艺流程认真逐条对照检查,进出装置及与设备相连的位置是否符合设计要求,有无错接、漏接、多接的现象。
② 工艺管线及管件、法兰、螺栓、垫片、孔板等附件是否符合设计规定的压力、温度等级要求,以及材质是否符合要求。特别是对于高温、高压及临氢介质部位更应详细检查。
③ 阀门是否符合设计规定的压力、温度,盘根、压盖是否安装好,各阀门是否开关灵活(各阀门均应开关数次)、便于操作,截止阀、单向阀等有方向性的阀门安装是否正确。
④ 热力补偿结构是否符合标准要求。管线的支撑、吊托是否完好、牢固可靠。
⑤ 重点检查高温、高压及临氢系统的管线是否符合标准规范要求,各类施工档案材料是否齐全。
⑥ 温度计套管、热电偶套管、压力表等安装是否齐全,是否符合要求。
⑦ 检查各下水井、地漏是否完好畅通。
⑧ 装置内管线上的盲板是否按要求拆装。
⑨ 各管线刷漆、保温是否符合要求,介质流向是否标明。

3. 反应器系统检查

① 所有设备是否正确安装，设备基础有无下沉、裂缝，各部螺栓是否齐整、紧固、完好无损，设备及管线的支撑、吊架是否安装正确。

② 设备级别、材质和规格是否符合设计要求，出厂合格证、质量证明书、竣工图及其他有关技术资料是否齐全准确。

③ 设备的压力试验是否符合规范要求，资料是否齐全。

④ 进出口法兰、人孔、垫片是否符合材质规格和施工质量标准。

⑤ 设备内是否有杂物，设备内构件是否完好，重点检查塔盘安装质量——安装水平度、焊接质量是否符合规范要求，设备最后封孔是否有人检查并签字。

⑥ 设备附件——压力表、安全阀、放空阀、热电偶、液面计、静电接地线、设备铭牌是否齐全完好。

⑦ 反应器上电动葫芦规格及安装质量是否符合要求。

⑧ 空冷电机是否符合设计要求，电流表、电机开关是否安装合适、操作方便；各部位润滑油脂牌号是否符合要求；风扇转动角度是否合适，皮带是否松紧适当，翅片是否完整无损、无杂物。

⑨ 所有设备进出口接管是否安装正确。

⑩ 设备表面油漆、保温质量及外部铁皮质量是否符合要求，标识是否明确。

二、化工生产中开、停车的一般要求

在化工生产中，开、停车的生产操作是衡量操作工人水平高低的一个重要标准。随着化工先进生产技术的迅速发展，机械化、自动化水平的不断提高，对开、停车的技术要求也越来越高。开、停车进行得好坏，准备工作和处理情况如何，对生产的进行都有直接影响。开、停车是生产中最重要的环节。

化工生产中的开、停车包括基建完工后的第一次开车，正常生产中开、停车，特殊情况（事故）下突然停车，大、中修之后的开车等。

1. 基建完工后的第一次开车

基建完工后的第一次开车，一般按四个阶段进行：开车前的准备工作；单机试车；联动试车；化工试车。下面分别予以简单介绍。

（1）开车前的准备工作　开车前的准备工作大致如下：施工工程安装完毕后的验收工作；开车所需原料、辅助原料、公用工程（水、电、汽等），以及生产所需物资的准备工作；技术文件、设备图纸及使用说明书和各专业的施工图，岗位操作方法和试车文件的准备；车间组织的健全，做好人员配备及考核工作；核对配管、机械设备、仪表电气、安全设施等的最终检查工作。

（2）单机试车　此项目的是确认转动和待动设备是否合格好用，是否符合有关技术规范，如空气压缩机、制冷用氨压缩机、离心式水泵和带搅拌设备等。

单机试车是在不带物料和无载荷情况下进行的。首先要断开联轴器，单独开动电动机，运转48h，观察电动机是否发热、振动，有无杂音，转动方向是否正确等。当电动机试验合格后，再和设备连接在一起进行试验，一般也运转48h（此项试验应以设备使用说明书或设计要求为依据）。在运转过程中，经过细心观察和仪表检测，均达到设计要求时（如温度、压力、转速等）即为合格。如在单机试车中发现问题，应会同施工单位有关人员及时检修，修好后重新试车，直到合格为止，试车时间不准累计。

(3) 联动试车　联动试车是用水、空气或和生产物料相类似的其他介质，代替生产物料所进行的一种模拟生产状态的试车。目的是检验生产装置连续通过物料的性能（当不能用水试车时，可改用介质，如煤油等代替）。联动试车时也可以给水进行加热或降温，观察仪表是否能准确地指示出通过的流量、温度和压力等数据，以及设备的运转是否正常等情况。

联动试车能暴露出设计和安装中的一些问题，在这些问题解决以后，再进行联动试车，直至认为流程畅通为止。联动试车后要把水或煤油放空，并清洗干净。

(4) 化工试车　当以上各项工作都完成后，则进入化工试车阶段。化工试车是按照已制定的试车方案，在统一指挥下，按化工生产工序的前后顺序进行，化工试车因生产类型而异。

综上所述，化工生产装置的开车是一个非常复杂也很重要的生产环节。开车的步骤并非一样，要根据具体地区、部门的技术力量和经验，制定切实可行的开车方案。正常生产检修后的开车和化工试车相似。

2. 大、中修之后的开车

由于化工生产过程的高度连续化，设备需要连续运转，因此每年安排一次全厂范围的或全车间范围的设备停车检修、更换，称为大、中修。大、中修之后的开车要点为：①进行开车前安全检查；②完成开车前的准备工作；③催化剂活化；④按岗位操作规程从前到后逐工序投料运行，直到正常负荷运行。

3. 停车及停车后的处理

在化工生产中，停车的方法与停车前的状态有关，不同的状态，停车的方法及停车后处理方法也就不同。一般有以下三种方式：

(1) 正常停车　生产进行到一段时间后，设备需要检查或检修进行的有计划的停车，称为正常停车。这种停车，是逐步减少物料的加入，直至完全停止加入，待所有物料反应完毕后，开始处理设备内剩余的物料，处理完毕后，停止供汽、供水，降温降压，最后停止设备的运转，使生产完全停止。

停车后，对某些需要进行检修的设备，要用盲板切断该设备上物料管线，以免可燃气体、液体物料泄漏而造成事故。检修设备动火或进入设备内检查，要把其中的物料彻底清洗干净，并经过安全分析合格后方可进行。

(2) 局部紧急停车　生产过程中，在一些想象不到的特殊情况下的停车，称为局部紧急停车。如某设备损坏、某部分电气设备的电源发生故障、某一个或多个仪表失灵等，都会造成生产装置的局部紧急停车。

当这种情况发生时，应立即通知前步工序采取紧急处理措施。把物料暂时储存或向事故排放部分（如火炬、放空等）排放，并停止入料，转入停车待生产的状态（绝对不允许再向局部停车部分输送物料，以免造成重大事故）。同时，立即通知下步工序，停止生产或处于待开车状态。此时，应积极抢修，排除故障。待停车原因消除后，应按化工开车的程序恢复生产。

(3) 全面紧急停车

当生产过程中突然发生停电、停水、停汽或发生重大事故时，则要全面紧急停车。这种停车事前是不知道的，操作人员要尽力保护好设备，防止事故的发生和扩大。对有危险的设备，如高压设备应进行手动操作，以排出物料；对有凝固危险的物料要进行人工搅拌（如聚合釜的搅拌器可以人工推动，并使本岗位的阀门处于正常停车状态）。

对于自动化程度较高的生产装置，在车间内备有紧急停车按钮，并和关键阀门联锁。当发生全面紧急停车时，操作人员一定要以最快的速度去按这个按钮。为了防止全面紧急停车的发生，一般的化工厂均有备用电源。当第一电源断电时，第二电源应立即供电。

从上述可知，化工生产中的开、停车是一个很复杂的操作过程，且随生产的品种不同而有所差异，这部分内容必须载入生产车间的岗位操作规程中。

知识点七　化学反应中异常现象的处理

一、生产中常见异常现象及其产生的原因

化工装置都具备高度现代化、自动化和连续化，除由多种设备和管线相连接组成各种生产工序外，还要装配多条自动化调节回路和仪表、电气配置等。在生产过程中，操作人员需要借助于这些设备、仪表来控制生产条件如温度、压力、液面、流量等，使这些条件在所规定的范围内进行变化或波动，从而实现正常生产，若操作中出现不符合规定的工艺条件范围，生产中就会发生异常现象。发生不正常现象的原因多种多样，主要有以下几种：

① 生产中原料质量和数量的变化，引起产品质量和产量的下降。如原料配比不准或质量不稳定，以致某一种原料实际加入量发生增加或减少，结果会加速或减慢反应的进行。

② 由生产故障引起的异常现象。如冷却器内管子因腐蚀而产生渗漏等，结果会引起产品质量的下降。

③ 公用工程中供水、供电、供汽、供冷等的变化，使生产发生异常现象。如供汽不足，就会影响精馏塔的加热，使产品的产量减少；或供冷不足，就会影响精馏塔的出料的产品质量。

④ 由于调节回路和仪表发生故障、失灵而造成生产事故。如继电器故障、压力表孔被杂质堵塞，造成自动联锁停车、超压或压力不足等现象。这方面的事故是很多的，带来的危害和损失也是很大的。

⑤ 因分析检验的错误引起的事故。如裂解炉点火前，炉内的煤气和氧含量分析不准确，点火可能会引起爆炸等。

生产中一旦出现问题，操作人员应该根据所产生的异常现象，迅速而准确地做出判断，并熟练地加以调整，或找电气、仪表人员来修理，使工艺条件恢复正常。为此要求操作人员在本岗位的生产过程、工艺条件、设备情况、仪表和分析等各个方面具有全面的知识和熟练的操作技术，以增强对事故的判断力。同时要求操作人员经常总结本岗位以往所发生的异常现象，从而找出规律防止生产事故的发生。对已经发生了事故的情况，则应立即采取果断措施处理，并及时向领导汇报，以减少损失和避免事故扩大。能否发现并及时处理本岗位所发生的异常现象，是衡量一个化工操作人员技术水平高低的重要方面。

> **知识拓展**

化学反应器的研究方法

1. 经验公式法

化学反应过程和反应器的经典研究方法，主要是以量纲分析法、因次分析法和相似论为

基础的经验法。其基本思路是：
① 确定影响该过程的因素；
② 用因次分析法确定准数；
③ 实验数据回归，得出准数关联式；
④ 根据相似论，用准数关联式进行放大，并对准数进行修正。

2. 数学模型法

数学模型法就是用数学模型来分析、研究化学反应过程和反应器工程问题。数学模型就是用数学语言来表达过程各种变量之间的关系的模型。

数学模型法的一般程序如下：
① 建立简化物理模型；
② 经过合理简化建立数学模型（建立描述物理模型的数学方程及确定初始边界条件）；
③ 用解析法或者图解法求解数学方程；
④ 结合实验进行模型参数的确定和修正。

由此可见，数学模型法的实质是将复杂的实际过程按等效性原则做出合理的简化，使之易于数学描述。这种简化来源于对过程深刻的、本质的理解，其合理性需要实验的检验，其中引入的模型参数需要由实验测定。

巩固与提升

一、选择题

1. 工业反应器的设计评价指标有：①转化率；②选择性；③（　　）。
  A. 效率   B. 产量
  C. 收率   D. 操作性

2. 工业生产中常用的热源与冷源是（　　）。
  A. 蒸汽与冷却水   B. 蒸汽与冷冻盐水
  C. 电加热与冷却水   D. 导热油与冷冻盐水

3. 化工生产过程按其操作方法可分为间歇、连续、半间歇式操作。其中属于稳定操作的是（　　）。
  A. 间歇式操作   B. 连续式操作
  C. 半间歇式操作   D. 以上都不是

4. 化工生产上，用于均相反应过程的化学反应器主要有（　　）反应器。
  A. 管式   B. 鼓泡塔式
  C. 固定床   D. 流化床

5. 化学反应器的分类方法很多，按（　　）的不同可分为管式、釜式、塔式、固定床、流化床等。
  A. 聚集状态   B. 换热条件
  C. 结构   D. 操作方式

6. （　　）石墨呈片状存在，这类铸铁的力学性能不高，但它的生产工艺简单，价格低廉，故在工业上应用最广。
  A. 可锻铸铁   B. 灰铸铁
  C. 球墨铸铁   D. 耐蚀铸铁

7. 含碳量0.2%的钢比含碳量0.8%的钢强度（　　）。
A. 高　　　　　　　　　　　　B. 低
C. 一样　　　　　　　　　　　D. 不确定

8. （　　）又称塑料王，具有极高的耐腐蚀性，能耐"王水"。
A. 硬聚氯乙烯　　　　　　　　B. 聚乙烯塑料
C. 聚丙烯塑料　　　　　　　　D. 聚四氯乙烯

9. 不适合单独制造化工设备的有色金属是（　　）。
A. 铝　　　　　　　　　　　　B. 铜
C. 铅　　　　　　　　　　　　D. 钛

10. 下列不属于有机非金属材料的是（　　）。
A. 搪瓷　　　　　　　　　　　B. 塑料
C. 橡胶　　　　　　　　　　　D. 石墨

二、简答题

1. 简述塔式反应器的选用原则。
2. 简述公用工程的定义。
3. 简述化学反应器在化工生产中的作用。
4. 简述化工原料的概念及其分类。
5. 简述反应时间的概念及表示方法。
6. 简述反应器按物料聚集状态不同而进行的分类。
7. 简述反应器按结构形式不同而进行的分类。
8. 简述反应器按操作方式不同而进行的分类。

三、名词解释

化学工业　化工生产过程　化学反应工程　化学反应器　化学反应操作　化学工序　物理工序　化工产品　生产能力　生产周期　生产强度

四、论述题

1. 举例说明化学反应器的分类。
2. 化学反应器的操作方式有哪几种？各自有什么特点？
3. 反应器系统的公用工程有哪些？
4. 简述化工生产过程的工艺指标、影响因素及过程检测与操作控制。

单元二
常用化学反应器

项目二　　釜式反应器

项目介绍

釜式反应器是化工生产过程中最为常见的反应器。通过本项目的学习，认识釜式反应器的基本结构及各部件的主要功能。能根据反应特性选择合适的反应器各部件结构。能根据生产任务要求核对反应器大小是否能满足生产任务要求。能熟练稳定控制反应操作过程的反应温度、原料配比。了解确定反应过程的反应温度、反应时间、原料配比最优化的方法。

任务一　认识釜式反应器

学习目标

知识目标
1. 掌握釜式反应器的特点。
2. 掌握釜体各部分的结构及作用。
3. 掌握搅拌器的种类、特点，根据反应特点选择合适的搅拌器。
4. 掌握换热装置的种类及应用场合。
5. 熟悉常见密封装置的种类及作用特点。

能力目标
1. 能识别釜体各部分结构。
2. 能根据反应特点和工艺要求选择合适的搅拌器。
3. 能根据工艺要求选择合适的换热装置。
4. 能根据工艺要求选择合适的冷、热源。
5. 能根据物料及反应特性合理选择反应器。

素质目标
1. 增强沟通能力和小组协作能力。
2. 培养良好的语言表达和文字表达能力。

任务介绍

工业中常见的釜式反应器一般都有搅拌装置，因此又称为搅拌釜式反应器或搅拌釜。搅拌釜的种类有上百种，但基本结构大同小异。认识釜式反应器的外观，根据设备实例总结釜式反应器的基本结构，并能根据生产工艺和反应特点正确选择合适的基本结构和反应器的形式。

任务分析

在本次任务中，通过查阅相关资料，参加小组讨论交流、教师引导等活动，能总结反应器各装置的结构、特点及应用场合。根据生产任务要求选择合适的反应器结构。

相关知识点

知识点一　釜式反应器的结构

釜式反应器（图2-1）是一种低高径比的圆筒形反应器。高径比一般小于3，外形像槽，又称槽式反应器，简称反应釜。

釜式反应器内置搅拌器，高径比较小，物料在筒内易混合，各物料间的传质、传热效率高。釜内浓度、温度分布均匀，返混程度大（所谓返混是指不同时间进入反应釜的各物料之间的混合），适用于液液均相反应和一些气液相、液固相、气液固相的反应体系。

釜式反应器的优点是结构简单、加工方便、操作灵活，易于适用不同操作条件与不同产品；适用于小批量、多品种、反应时间较长的产品生产，特别是精细化工与生物化工的产品生产，广泛用于橡胶、燃料、农药、医药等行业。

另外，釜式反应器存在装料、卸料等辅助操作要消耗一定的时间、产品质量不易稳定等缺点。

图 2-1　釜式反应器的外观

搅拌釜式反应器主要由四大部分组成，即壳体、搅拌装置、密封装置和换热装置。搅拌釜式反应器的基本结构如图 2-2 所示。

一、壳体

壳体是反应釜的外廓部分，由上封头、筒体和釜底组成。上封头又称上盖，如同盖子一样，上封头通过法兰连接或焊死的方式与筒体的上端口相连。上封头上一般开有人孔、手孔、视镜和一些工艺管道的接口等。人孔和手孔用于检查釜式反应器内部零件的工作状况，也可以通过人孔、手孔安装和拆卸内部构件以及清扫残留物或垃圾。手孔开口直径较小（直径为 0.15～0.20m），可允许一只手伸进釜内。人孔直径较大（直径约为 0.4m），人可以通过人孔探入釜内。不过安装人孔的反应釜直径应大些，以增强其抗压能力。视镜是工作人员观察反应釜内部工作情况的窗口。开

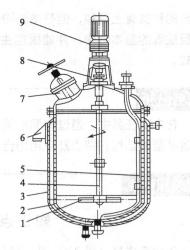

图 2-2　搅拌釜式反应器的基本结构
1—搅拌器；2—壳体；3—夹套；4—搅拌轴；
5—压料管；6—支座；7—人孔；
8—轴封；9—传动装置

口处用透明玻璃盖住。透过这种特殊玻璃，可以清晰地看到反应釜内物料的流动情况，另外有些视镜还可以用来测量反应釜内的液位。有些反应釜上的视镜直接安装在手孔或人孔上，这样做可以降低反应釜的制作成本。视镜中的透明玻璃应具有抗压、耐高温的性能，也应该避免有裂纹。

筒体外形呈圆筒状，是物料混合、反应的主要场所。制作筒体的材料有很多种，常见的有铸铁、钢材、搪瓷等。铸铁有较高的耐磨性和机械强度，可承受较大的负荷，且制作成本较低，但塑性和韧性较低，耐腐蚀性低。钢材具有良好的塑性和韧性，制作工艺简单，造价较低，但耐腐蚀性低，容器钢有良好的耐高温强度和一定的耐腐蚀性，表面易抛光，是制作筒体应用最广泛的一种材料。搪瓷制作的筒体最大的特点是抗腐蚀性高，应用于精细化工生产中的卤化反应和有各种腐蚀性强的酸参与的反应。对于耐腐蚀性一般的筒体可内衬搪瓷和橡胶等耐腐蚀性材质以提高其耐腐蚀性。

釜底又称下封头，和筒体下端口相连。釜底的形状比较多，常见的有平面形、蝶形、椭圆形和球形四种，如图 2-3 所示。

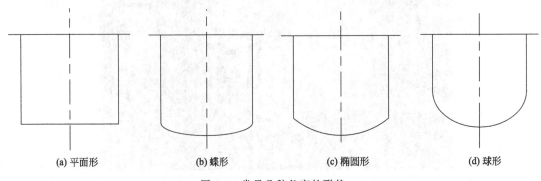

(a) 平面形　　　　(b) 蝶形　　　　(c) 椭圆形　　　　(d) 球形

图 2-3　常见几种釜底的形状

(1) 平面形　造价低，结构简单，但抗压性低，适用于常压或压力不大的场合。
(2) 蝶形　抗压能力稍强，适用于中低压的场合。
(3) 椭圆形　抗压能力强，适用于中高压的场合。
(4) 球形　造价高，但抗压能力强，多用于高压反应釜。

另外，还有锥形釜底，这种釜底做的反应釜可处理需要分层的产物。

二、搅拌装置

搅拌装置由搅拌动力源和搅拌轴组成，常用的搅拌动力源是电动机，另外还有气动机和磁力搅拌机等。

搅拌装置是釜式反应器中的关键设备，在反应器中起到强化传质和传热的作用。例如在液液相反应体系中，搅拌装置把不互溶的两种液体混合起来，使其中的一相液体以微小的液滴均匀分散到另一相体系中；在气液相体系中，搅拌装置把气相中的大气泡打碎成微小气泡并使它们均匀分散到液相中。在化学反应体系中，搅拌器通过加速搅拌，增强流体的湍流程度，以加快传热。

搅拌装置的种类很多。常见的有旋桨式搅拌器、涡轮式搅拌器、桨式搅拌器、锚式搅拌器、螺带式搅拌器等。如图2-4所示。

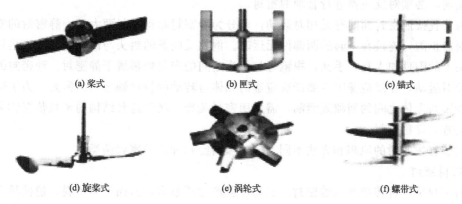

(a) 桨式　　(b) 匣式　　(c) 锚式

(d) 旋桨式　　(e) 涡轮式　　(f) 螺带式

图2-4　常见的几种搅拌器

旋桨式搅拌器（又称推进式搅拌器）由2~3片推进式螺旋桨叶构成。叶片与水平面成一定的倾斜角度，搅拌时能使物料在反应釜内沿轴向流动，上下翻腾效果好。旋桨式搅拌器直径为反应釜内径的1/4~1/3，转速较高，可达300~600r/min，线速度为5~15m/s，适用于搅拌低黏度液体、乳浊液及固体微粒低于10%的悬浮液。搅拌器的转轴水平或斜向插入槽中。此时，液流的循环回路不对称，可增加湍动，防止液面凹陷。

涡轮式搅拌器一般由水平圆盘和2~4片叶片所构成。叶片有平直型和弯曲型两种。涡轮式搅拌器桨叶的外径、宽度和高度的比例一般为20:5:4。搅拌速度较大，为300~600r/min，线速度为3~8m/s。涡轮搅拌器在旋转时可造成较强的径向流动。适用于气体及互不相溶的液体的分散和液液相反应过程。但被搅拌液体的黏度不宜过高。

桨式搅拌器结构简单，主要由桨叶、竖轴和一些辅助零件构成。根据桨叶的形状，桨式搅拌器可分为平桨式和斜桨式两种。平桨式搅拌器由两片平直桨叶构成，桨叶直径与高度之比为4~10，具有较低的转速，为20~80r/min，圆周速度为15~30m/s，所产生的径向液流速度较小。斜桨式搅拌器的两叶片反折转 45°～60°,可产生较强的轴向液流。桨式搅拌器转速较小,适用于流动性大,黏度小的液体物料,也适用于纤维状和结晶状的溶解液。如果液体物料层很深时,可在竖轴上装置数排桨叶。

锚式反应器由将水平的桨叶与垂直的桨叶连成的框子组成,其结构比较坚固。这类搅拌器的桨叶外缘形状与反应釜内壁一致,其间留有很小的间隙,可清除附在槽壁上的黏性反应物或堆积于釜底的固体等。锚式搅拌器直径比较大,为反应器内径的 2/3～9/10,转速为 50～70r/min,线速度为 0.5～1.5m/s。另外这种搅拌器还具有良好的传热性能,常用于需要良好传热的场合。

螺带式搅拌器是由绕在竖轴上的钢制螺带组成,螺带距竖轴的水平距离较大,与反应釜内壁间隙很小,因此可用于除去附在反应釜内壁上的高黏度物质或沉积物。螺带的高度一般取罐底至液面的高度。螺带式搅拌器转速较低,一般不超过 50r/min,通常用于搅拌高黏度流体。

三、密封装置

化工生产过程中常伴有高温、高压甚至有毒、易燃、易爆的反应。反应釜作为反应场所,必须要防止因设备的跑、冒、滴、漏等问题所带来的环境污染或人身伤害。为了防止以上问题出现,必须对反应器进行合理的密封。

密封装置按照密封面间有无相对运动,可分为静密封和动密封两大类。静密封的密封面间是相对静止的,连接在一起的两部件无运动。例如反应釜的封头与筒体之间的连接处的密封,封头上的附件如人孔、手孔、视镜等与封头之间的密封处都属于静密封。动密封的密封面间有相对运动,在反应釜中主要指反应釜的壳体与转动的搅拌轴之间的密封。为了防止物料从搅拌轴与壳体之间的间隙处泄漏,需采用密封装置,属于这种结构的密封装置称为搅拌轴密封装置,简称轴封。

密封装置按密封的原理和方法不同,分为填料密封和机械密封两类。

1. 填料密封

填料密封是一种传统的压盖密封。它靠压盖产生压紧力,从而压紧填料,迫使填料压紧在密封表面(轴的外表面和密封腔)上,产生有密封效果的径向力,因而起密封作用。

填料密封的结构包括填料腔、填料环、填料压盖、长扣双头螺栓和螺母等。填料装入填料箱以后,经压盖螺丝对它作轴向压缩,当轴与填料有相对运动时,由于填料的塑性,使它产生径向力,并与轴紧密接触。与此同时,填料中浸渍的润滑剂被挤出,在接触面之间形成油膜。由于接触状态并不是特别均匀的,接触部位便出现"边界润滑"状态,称为"轴承效应";而未接触的凹部形成小油槽,有较厚的油膜,接触部位与非接触部位组成一道不规则的"迷宫",起阻止液流泄漏的作用,此称"迷宫效应"。这就是填料密封的原理。为了保持良好的密封效果,需要不断地向密封间提供良好的润滑以及合适的压紧。良好的润滑和合理的松紧度使接触面间的液膜不被中断,维持"轴承效应"和"迷宫效应"。如果润滑不良,或压得过紧都会使油膜中断,造成填料与轴之间出现干摩擦,最后导致烧轴和出现严重磨损。为此,需要经常对填料的压紧程度进行调整,以便填料中的润滑剂在运行一段时间流失之后,再挤出一些润滑剂,同时补偿填料因体积变化所造成的压紧力松弛。显然,这样经常挤压填料,最终将使浸渍剂枯竭,所以定期更换填料是必要的。此外,为了维持液膜和带走摩擦热,有意让填料处有少量泄漏也是必要的。

为了更好地密封，密封中所用的填料必须符合一定的要求：

① 有一定的弹性。在压紧力作用下能产生一定的径向力并紧密与轴接触。

② 有足够的化学稳定性。不污染介质，填料不被介质泡胀，填料中的浸渍剂不被介质溶解，填料本身不腐蚀密封面。

③ 自润滑性能良好。耐磨、摩擦系数小。

④ 轴存在少量偏心的，填料应有足够的浮动弹性。

⑤ 制造简单、装填方便。

常见的填料有膨胀石墨填料、增强石墨填料、石棉填料、芳纶纤维填料、聚四氟乙烯填料、石墨聚四氟乙烯填料等。

（1）膨胀石墨填料　膨胀石墨填料又称柔性石墨填料，采用柔性石墨线穿心编织而成，见图2-5（a）。膨胀石墨填料具有良好的自润滑性及导热性，摩擦系数小，通用性强，柔软性好，强度高，对轴杆有保护作用等优点。该填料属于通用性填料，广泛用于各行各业。

（2）增强石墨填料　增强石墨填料采用玻璃纤维、铜丝、不锈钢丝、镍丝等材料增强的纯膨胀石墨线编织而成，见图2-5（b）。该密封填料不仅具有膨胀石墨的各项特性，而且通用性强，柔软性好，强度高。与一般的编织填料组合，是解决高温，高压密封难题的最有效的密封元件。增强石墨填料是膨胀石墨填料的增强版，是非常优秀的密封材料。

（3）石棉填料　石棉填料是由石棉线编织，经浸渍PTFE（聚四氟乙烯）乳液或石墨乳编织而成，具有更优异的密封效果，常用于泵、阀、法兰等，见图2-5（c）。

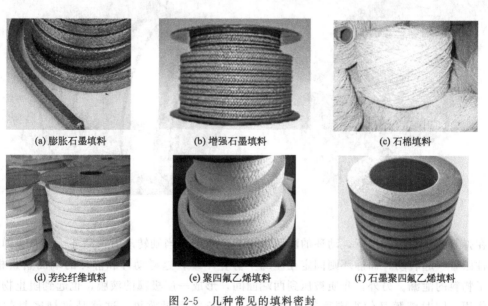

图2-5　几种常见的填料密封

常见的石棉填料有以下几种：

① 纯石棉纤维填料。静密封，作为高温、高压工况下的填充材料及隔热材料。

② 石棉浸PTFE填料。动、静密封，尤其适用于中等压力下高速泵。

③ 石棉浸石墨填料。动密封，主要作为泵、阀的填料（锅炉用给料泵尤为适合）。适用于碱溶液、黏稠液体（如油）、水、蒸汽、气体和盐液。

④ 石棉含镍丝增强填料。静密封为主，作为静密封用于手孔、人孔、壳盖等。适用于蒸汽锤、反应釜、蒸汽阀等密封处粗糙不平整的地方。也可用于高温高压情况下的阀门及转

速较慢的设备。

（4）芳纶纤维填料　芳纶纤维填料由芳纶纤维浸渍聚四氟乙烯乳液和润滑剂处理编织而成。有较好的耐化学性，高回弹，低冷流，见图2-5（d）。芳纶填料具有极好的高转速、高模数的性质（被称为人造金属线）。所以，与其他类型的填料比较，它能抵抗颗粒结晶介质和更高的温度，既可单独使用也可与其他填料组合。在泵系统上是很好的石棉替代产品。

（5）聚四氟乙烯填料　聚四氟乙烯填料是以纯聚四氟乙烯分散树脂为原料，先制成生料薄膜，再经过捻线，编织成填料，见图2-5（e）。这种填料无其他添加物，可广泛用于食品、制药、造纸等有较高清洁度要求的行业，也可用于有强腐蚀性介质的阀门、泵上。

适用范围：最高使用温度为260℃；最大使用压力为2.0MPa；pH值为0~14。

（6）石墨聚四氟乙烯填料　石墨聚四氟乙烯填料是由含有石墨粒子的聚四氟乙烯线编织而成。它具有很强的扯裂强度和较高的热导性，低的摩擦系数又使它具有稳定性和长寿命，见图2-5（f）。建议用于泵轴密封，也可用于密封水、蒸汽、溶剂等介质的搅拌器、混合器、加热器及离心泵等。

2. 机械密封

机械密封又称端面密封，是釜式反应器中应用最广泛的一种密封装置，如图2-6所示。机械密封主要由动环、静环、辅助密封圈、弹簧加荷装置（弹簧、螺栓、螺母、弹簧座等）组成。

图2-6　机械密封

在弹簧的压紧力作用下，动环的断面紧贴静环断面。当轴转动时，动环、弹簧、弹簧座等部件跟着一起转动，而静环则固定在座驾上静止不动，这样动环和静环的端面紧紧相贴，阻止了物料的泄漏。另外，介质被压到两端面间，形成一层极薄的液膜，也起到阻止物料泄漏的作用，同时液膜又使得端面得以润滑，获得长期密封效果。这就是机械密封的密封原理。

动环和静环是机械密封的主要密封件，在很大程度上决定了机械密封的使用性能和寿命，因此，对它们提出了一些要求：

① 有足够的强度和刚度，在工作条件（如压力、温度和滑动速度等）下不损坏，变形应尽量小，工作条件波动时仍能保持密封性。

② 密封端面应有足够的硬度和耐腐蚀性以保证工作条件下有良好的使用寿命。

③ 密封环应有良好的耐热性，要求材料有较高的导热系数和较小的线膨胀系数，承受

热冲击时不至于开裂。

④ 应有较小的摩擦系数和良好的自润滑性，密封环材料与密封流体还要有很好的浸润性。工作中如发生短时间的干摩擦，不损伤密封端面。

⑤ 应力求简单对称并优先考虑用整体型结构，也可采用组合式（如镶装式）密封环，尽量避免用密封端面喷涂式结构。

⑥ 密封环要容易加工制造，安装和维修要方便，价格要低廉。

3. 填料密封与机械密封的比较

填料密封结构简单、价格便宜、维修方便，但泄漏量大、功率损失大。另外填料密封密封性能稍差，轴不允许有较大的径向跳动，功耗大，磨损轴，使用寿命短。填料密封用于密封一般介质，如水；不适用于石油及化工介质，特别是不能用在贵重、易爆和有毒介质中。

机械密封的密封较好，泄漏量很少，寿命长，但价格贵，加工、安装、维修、保养比一般密封要求高。机械密封适用于密封石油及化工介质，可用于各种不同黏度、强腐蚀性和含颗粒的介质。

四、换热装置

物料在反应器内发生的化学反应对温度要求较高，维持反应体系的温度处于合理的范围内意义重大。

1. 换热器

换热器是用来加热或冷却反应物料，使其符合工艺要求温度条件的设备。反应釜中常用的换热装置有夹套式换热器、列管式换热器、蛇管式换热器、外部循环式和回流冷凝式换热器等。

夹套式换热器是指在反应器或反应器筒体部分焊接或安装一夹套层，这样便在夹套与器壁之间形成一层密闭的空间，冷热流体通过此空间加热或冷却反应器。当蒸汽由上部接管进入夹套，冷凝水由下部接管排出。如果冷却水进行冷却时，则由夹套下部接管进入，而由上部接管流出。

反应釜常用的夹套形式为整体夹套，结构类型有四种：

a 型为仅圆筒的一部分有夹套，用在需加热面积不大的场合。

b 型为圆筒的一部分和下封头包有夹套，是最常用的典型结构。

c 型是考虑到筒体受外压时为了减小筒体的计算长度，或者为了实现分段控制而采用分段夹套。

d 型为全包式夹套，与前三种比较，有最大传热面积。

夹套式换热器结构简单，但其传热系数小，加热面积也容易受反应釜外筒壁面积的影响。为提高传热系数且使釜内液体受热均匀，可在釜内安装搅拌器。当夹套中通入冷却水或无相变的加热剂时，亦可在夹套中设置螺旋隔板或其他增加湍动的措施，以提高夹套一侧的给热系数。为补充传热面的不足，也可在釜内部安装蛇管。夹套式换热器广泛用于反应过程的加热和冷却。

蛇管式换热器是将金属弯管绕成各种与反应器内壁相适应的形状，并沉浸在反应釜内的物料中。工业上常用的蛇管有两种：水平式蛇管和直立式蛇管，排列紧密的水平式蛇管能同时起到导流筒的作用，而排列紧密的直立式蛇管同时起到挡板的作用，它们对于改善流体的流动状况和搅拌的效果起积极的作用。

除了采用夹套和蛇管等内传热构件使反应物料在反应器内进行换热之外，还可以采用各种形式的换热器使反应物料在反应器外进行换热，如将反应器内的物料移出反应器，经过外部换热器换热后再循环回反应器中。另外，当反应器在沸腾状态下进行反应且反应热效应很大时，可以采用回流冷凝法进行换热，使反应器内产生的蒸汽通过外部的冷凝器加以冷凝，冷凝液返回反应器中。采用这种方法进行换热，由于蒸汽在冷凝器以冷凝的方式散热，可以得到很高的给热系数。

2. 高温热源的选择

用一般的低压饱和水蒸气加热时，温度最高只能达150～160℃，需要更高加热温度时则应考虑加热剂的选择问题。化工厂常用的加热剂及加热方法如下：

(1) 高压饱和水蒸气　来源于高压蒸汽锅炉、利用反应热的废热锅炉或热电站的蒸汽透平。蒸汽压力可达数兆帕。用高压蒸汽作为热源的缺点是需用高压管道输送蒸汽，建设投资费用大，尤其需远距离输送时热损失也大，很不经济。

(2) 高压汽水混合物　当车间内有个别设备需高温加热时，设置一套专用的高压汽水混合物作为高温热源，可能是比较经济可行的。

这种加热装置由焊在设备外壁上的高压蛇管（或内部蛇管）、空气冷却器和高温加热炉等部分构成一个封闭的循环系统。管内充满70%的水和30%的蒸汽，形成汽水混合物。从加热炉到加热设备这一段管道内，蒸汽比例高，水的比例低，而从冷却器返回加热炉这一段管道内蒸汽比例低，水的比例高，于是形成一个自然循环系统。循环速度的大小取决于加热的设备与加热炉之间的高位差及汽水比例。这种高温加热装置适用于200～250℃的加热要求。加热炉的燃料可用气体燃料或液体燃料，炉温达800～900℃，炉内加热蛇管用耐温耐压合金钢管。

(3) 有机载热体　利用某些有机物常压沸点高、熔点低、热稳定性好等特点可提供高温热源。如联苯道生油，YD、SD导热油等都是良好的高温载热体。联苯道生油是含联苯26.5%、二苯醚73.5%的低共沸点混合物，熔点12.3℃，沸点258℃。它的突出优点是能在较低的压力下得到较高的加热温度。在同样的温度下，它的饱和蒸气压力只有水蒸气压力的几十分之一。当加热温度在250℃以下时，可采用液体联苯混合物加热，有三种加热方案。

① 液体联苯混合物自然循环加热法。加热设备与加热炉之间保持一定的高位差才能使液体有良好的自然循环。

② 液体联苯混合物强制循环加热法。采用屏蔽泵或者用液下泵使液体强制循环。

③ 夹套内盛联苯混合物，将管状电热器插入液体内的加热法，应用于传热速率要求不太高的场合。

当加热温度超过250℃时，可采用联苯混合物的蒸汽加热。根据其冷凝液回流方法的不同，也可分为自然循环与强制循环两种方案。自然循环法设备较简单，不需使用循环泵，但要求加热器与加热炉之间有一定的位差，以保证冷凝液的自然循环。位差的高低决定于循环系统阻力的大小，一般可取3～5m。如厂房高度不够，可以适当放大循环液管径以减少阻力。

当受条件限制不能达到自然循环要求时，或者加热设备较多，操作中容易产生互相干扰等情况下，可用强制循环流程。

另一种较为简易的联苯混合物蒸汽加热装置，是将蒸汽发生器直接附设在加热设备上面。用电热棒加热液体联苯混合物，使它沸腾产生蒸汽，当加热温度小于280℃、蒸汽压力低于0.07MPa时，采用这种方法较为方便。

（4）熔盐　反应温度在300℃以上可用熔盐作载热体。熔盐的组成为 KNO_3 53%、$NaNO_3$ 7%、$NaNO_2$ 40%（质量分数，熔点142℃）。

（5）电加热法　这是一种操作方便、热效率高、便于实现自控和遥控的高温加热方法。常用的电加热方法可以分为以下两种类型。

① 电阻加热法。电流透过电阻产生热量实现加热。可采用以下几种结构形式。

a. 辐射加热。即把电阻丝暴露在空气中，依靠辐射和对流传热直接加热反应釜。此种形式只能适用于不易燃易爆的操作过程。

b. 电阻夹布加热。将电阻丝夹在用玻璃纤维织成的布中，包扎在被加热设备的外壁。这样可以避免电阻丝暴露在大气中，从而减少引起火灾的危险性。但必须注意的是电阻夹布不允许被水浸湿，否则将引起漏电和短路的危险事故。

c. 插入式加热法。将管式或棒状电热器插入被加热的介质中或夹套中实现加热，这种方法仅适用于小型设备的加热。

电阻加热可采用可控硅电压调节器自动调节加热温度，实现较为平稳的温度控制。

② 感应电流加热。这是利用交流电路所引起的磁通量变化在被加热体中感应产生的涡流损耗变为热能。感应电流在加热体中透入的深度与设备的形状以及电流的频率有关。在化工生产中应用较方便的是普通的工业交流电产生感应电流加热，称为工频感应电流加热法，它适用于壁厚为5～8mm的圆筒形设备加热（高径比最好在2～4），加热温度在500℃以下。其优点是施工简便，无明火，在易燃易爆环境中使用比其他加热方式安全，升温快，温度分布均匀。

（6）烟道气加热法　用煤气、天然气、石油加工废气或燃料油等燃烧时产生的高温烟道气作热源加热设备，可用于300℃以上的高温加热。缺点是热效率低，给热系数小，温度不易控制。

3. 低温冷源的选择

（1）冷却用水　如河水、井水、城市水厂给水等，水温随地区和季节而变。深井水的水温较低且稳定，一般在15～20℃，水的冷却效果好，也最为常用。水的硬度不同，对换热后的水的出口温度有一定限制，一般不宜超过60℃，在不宜清洗的场合不宜超过50℃，以免水垢的迅速生成。

（2）空气　在缺乏水资源的地方可采用空气冷却，其主要缺点是给热系数低，需要的传热面积大。

（3）制冷剂　有些化工生产过程需要在较低的温度下进行，这种低温采用一般冷却方法难以达到，必须采用特殊的制冷装置进行人工制冷。在制冷装置中一般多采用直接冷却方式，即利用制冷剂的蒸发直接冷却冷间内的空气，或直接冷却被冷却物体。制冷剂一般有液氨、液氮等。由于需要额外的机械能量，故成本较高。在有些情况下则采用间接冷却方式，即被冷却对象的热量通过中间介质传送给在蒸发器中蒸发的制冷剂。这种中间介质起着传送和分配冷量的媒介作用，称为载冷剂。常用的载冷剂有三类，即水、盐水及有机物载冷剂。

① 水。比热容大，传热性能良好，价廉易得，但冰点高，仅能用来制取0℃以上冷量的载冷剂。

② 盐水。氯化钠及氯化钙等盐的水溶液，通常称为冷冻盐水。盐水的起始凝固温度随

浓度变化而变化（见表 2-1）。氯化钙盐水的共晶温度（-55℃）比氯化钠盐水低，可用于较低温度，故应用较广。氯化钠盐水无毒，传热性能较氯化钙盐水好。

表 2-1 冷冻盐水起始凝固温度与浓度的关系

相对密度（15℃）	氯化钠盐水			氯化钙盐水		
	浓度/%	100kg 水加盐量/kg	起始凝固温度/℃	浓度/%	100kg 水加盐量/kg	起始凝固温度/℃
1.05	7.0	7.5	-4.4	5.9	6.3	-3.0
1.10	13.6	15.7	-9.8	11.5	13.0	-7.1
1.15	20.0	25.0	-16.6	16.8	20.2	-12.7
1.175	23.1	30.1	-21.2			
1.20				21.9	28.0	-21.2
1.25				26.6	36.2	-34.4
1.286				29.9	42.7	-55.0

氯化钠盐水及氯化钙盐水均对金属材料有腐蚀性，使用时需加缓蚀剂重铬酸钠及氢氧化钠，以使盐水的 pH 值达 7.0～8.5，呈弱碱性。

③ 有机物载冷剂。有机物载冷剂适用于比较低的温度，常用有如下几种。

a. 乙二醇、丙二醇的水溶液。乙二醇无色无味，可全溶于水，对金属材料无腐蚀性。乙二醇水溶液使用温度可达 -35℃（浓度为 45%），但用于 -10℃（35%）时效果最好。乙二醇黏度大，传热性能较差，稍具毒性，不宜用于开式系统。

丙二醇是极稳定的化合物，易溶于水，对金属材料无腐蚀性。丙二醇的水溶液无毒，黏度较大，传热性能较差。丙二醇的使用温度通常为 -10℃ 或 -10℃ 以上。乙二醇和丙二醇溶液的凝固温度与浓度关系见表 2-2。

表 2-2 乙二醇和丙二醇溶液的凝固温度与浓度关系

体积分数/%		20	25	30	35	40	45	50
凝固温度/℃	乙二醇	-8.7	-12.0	-15.9	-20.0	-24.7	-30.0	-35.9
	丙二醇	-7.2	-9.7	-12.8	-16.4	-20.9	-26.1	-32.0

b. 甲醇、乙醇的水溶液。在有机物载冷剂中甲醇是最便宜的，而且对金属材料不腐蚀，甲醇水溶液的使用温度范围是 -35～0℃，相应的浓度是 15%～40%，在 -35～-20℃ 范围内具有较好的传热性能。甲醇用作载冷剂的缺点是有毒和可燃，在运送、储存和使用中应注意安全问题。乙醇无毒，对金属不腐蚀，其水溶液常用于啤酒厂、化工厂及食品化工厂。乙醇也可燃，比甲醇贵，传热性能比甲醇差。

知识点二　釜式反应器的分类

釜式反应器在化工生产中应用广泛，不同的生产环境对反应釜的材质、结构等要求也不相同。因此反应釜的种类比较多。常见的几种分类方式如下。

一、按操作方式分类

釜式反应器按操作方式不同分为间歇式、半间歇式、连续式（或多釜串联式）。

1. 间歇式反应釜

间歇式反应釜俗称间歇釜，在染料及制药工业中应用广泛。

在间歇式反应釜中，反应物料一次性加入釜中，在釜内经过一定时间的传质和传热，产物不断生成与累积，达到所要求的转化率后，一次性取出釜内所有物料。

间歇式反应釜的操作灵活，易于适应不同的操作条件与生产不同品种的产品。但是间歇式反应釜处理物料时消耗大量的时间（包括出料的反应时间和辅助时间），每处理一批物料，都要有准备、加料和卸料等过程，花费大量辅助时间，降低了反应釜的生产能力，同时增加了劳动强度，不适合大批量产品的生产。所以间歇式反应釜多用在小批量、多品种、反应时间长的产品生产，特别是精细化工与生物化工产品的生产。

2. 半间歇式反应釜（半连续式反应釜）

半间歇式反应釜的操作方式有两种：一种是反应物料一次性加入反应釜，而产品连续取出；另一种是一种反应物料一次性加入反应釜，而另一种反应物料连续加入反应釜。第一种操作方式适用于产品的浓度大会影响反应的速率或产品不稳定长时间积累会发生副反应等场合。第二种操作方式适用于要求一种反应物的浓度高而另一种反应物的浓度低的化学反应。这种操作的优点是反应不太快，温度易于控制，有利于提高可逆反应的转化率。

3. 连续式反应釜（多釜串联式）

连续式反应釜又称连续釜，有单级连续式和多级串联式两种。单级连续式反应釜只有一个反应釜。反应物料连续加入，釜内物料连续排出反应釜。多级串联式反应釜由两个或两个以上反应釜串联在一起。连续搅拌釜式反应器，是化学工业中最先应用于连续生产的一种反应设备。由于连续式操作，节省了大量的辅助操作时间，使得反应器的生产能力得到充分的发挥；同时，也大大地减轻了体力劳动强度，容易全面地实现机械化和自动化，也降低了原材料和能量的损耗。另外，在反应釜内由于强烈的机械搅拌作用，反应器中的物料充分接触，这对于化学反应或传热来说，都是十分有利的。这种反应釜的操作稳定，适用范围较广，容易放大，在化工生产上有广泛的应用。这种连续生产方式节约大量劳动时间，容易实现自动化控制，节约人力，适用于大规模生产。

二、按材质分类

可分为钢制反应釜、铸铁反应釜和搪玻璃反应釜。

1. 钢制（或衬瓷板）反应釜

钢制反应釜是化工生产上普遍采用的一种反应釜，其材料一般为Q235钢（或容器钢）。钢制反应釜的设计、制造与普通的压力容器一样。钢制（或衬瓷板）反应釜设计时选用的操作压力、温度为反应过程中最高压力和最高温度。钢制（或衬瓷板）反应釜装有夹套的壳体依照外压容器计算，而夹套本身按内压容器计算，附属零部件如人孔、手孔、工艺接管等通常设置在釜盖上，壳体、封头直径及壁厚可参照标准选用。钢制反应釜的优点是制造工艺简单，造价费用较低，维护检修方便，抗压能力强，缺点是耐腐蚀性一般，尤其不耐酸性介质腐蚀。不过将耐酸瓷板用配制好的耐酸胶泥牢固地黏合在反应釜的内表面，经固化处理后即可使用。衬瓷板的反应釜可耐任何浓度的硝酸、硫酸、盐酸及低浓度的碱液等介质，是目前化工生产中防腐蚀的有效方法。

2. 铸铁反应釜

常用作容器的铸铁有灰铸铁、可锻铸铁和球墨铸铁。灰铸铁制压力容器的设计压力不得大于 0.8MPa，设计温度为 0~250℃，可锻铸铁和球墨铸铁制压力容器的设计压力不得大于 1.6MPa，设计温度为 -10~350℃。铸铁反应釜对于碱性物料有一定抗腐蚀能力，但铸铁反应釜的韧性低，抗压能力低，应用受到一定限制。铸铁反应釜在磺化、硝化、缩合、硫酸增浓等反应过程中使用较多。

3. 搪玻璃反应釜

搪玻璃反应釜是用含高二氧化硅的玻璃，经高温灼烧而牢固地结合于金属设备的内表面上。其特点有：

(1) **耐腐蚀性** 对于各种浓度的无机酸、有机酸、有机溶剂及弱碱等介质均有极强的抗腐蚀性。一些强碱、氢氟酸及含氟离子介质以及温度大于 180℃、浓度大于 30% 的磷酸等不适用。

(2) **耐冲击性** 耐冲击性较小，使用时要缓慢加压升温，避免硬物撞击。

(3) **绝缘性** 瓷面经过 20kV 高电压试验的严格检验。

(4) **耐温性** 耐温急变，冷冲击 110℃，热冲击 120℃。

搪玻璃反应釜最主要的优点是耐腐蚀性好，所以广泛应用于精细化工生产中的卤化反应及有盐酸、硫酸、硝酸等存在时的各种反应。

三、按能承受的最大操作压力分类

可分为低压反应釜和高压反应釜。

低压反应釜，一般是指操作压力在 1.6MPa 以下的反应釜，是化工生产中最常见的一种釜式反应器。由于操作压力不大，所以在搅拌轴和壳体之间采用常规的动密封来防止物料泄漏。

高压反应釜，操作压力大于 1.6MPa。在高压条件下，常规的动密封难以保证物料不泄漏。目前，高压反应釜常采用磁力搅拌釜，主要特点是以静密封代替了传统的填料密封或机械密封，从而实现整台反应釜在全密封状态下工作，保证无泄漏。可用在有毒、易燃易爆及其他渗透力极强的化工工艺过程中。

另外有一种真空反应釜，操作压力最低为 -0.1MPa，具有无泄漏、低噪声、无污染、运转平稳、操作简单的特点，因而能在高温、低压、高真空、高转速、悬浮、对流状态下，使反应介质完全处于静密封状态中，安全地进行易燃、易爆、剧毒等苛刻介质的高效反应。

四、磁力反应釜

磁力反应釜的关键部件磁力耦合传动器是一种利用永磁材料进行耦合传动的传动装置，改变了传统机械密封和填料密封的那种通过轴套或填料密封搅拌轴的动密封结构为静密封结构，反应釜内介质完全处于由釜体与密封罩体构成的密封腔内，彻底解决了填料密封和机械密封因动密封而造成的无法克服的泄漏问题，反应介质绝无任何泄漏和污染。如图 2-7 所示。

1. 釜体

釜体主要由釜身与釜盖两大部件组成。釜身用高强度合金钢板卷制而成，其内侧一般衬以能承受介质腐蚀的耐用腐蚀材料，其中以 $0Cr_{18}Ni_{11}Ti$ 或 $00Cr_{17}Ni_{14}MO_2$ 等材料占多数，在内衬与釜身之间填充铅锑合金，以利导热和受力。也有直接用 $0Cr_{18}Ni_{11}Ti$ 等材料单层制成的。

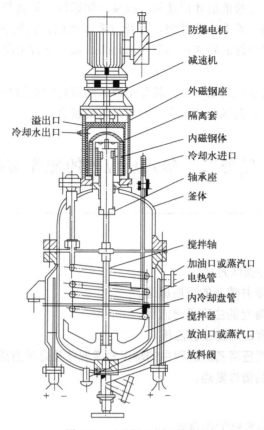

图 2-7 无泄漏磁力反应釜

釜盖为平板盖或凸形封头，它也由高强度合金钢制成，盖上设置按工艺要求的进气口、加料口、测压口及安全附件等不同口径接管。为了防止介质对釜盖的腐蚀，在与介质接触的一侧也可以衬填耐腐蚀材料。釜身与釜盖之间装有密封垫片，通过主螺栓及主螺母使其密封成一体。

2. 搅拌器

为了使釜内物料进行激烈搅拌，以利化学反应，在釜内垂直悬置一根搅拌轴，其上配置与釜体内径成比例的搅拌器（如涡轮式、推进式等），搅拌器离釜底较近，以方便物料翻动。

3. 传热构件

釜内介质的热量传递，可在釜外焊制传热夹套，通入适当载热体进行热交换，也可以在釜内设置螺旋盘管，在管内通进载热体把釜内物料的热量带走或传入热量，以满足其化学反应需要。

传动装置搅拌轴的旋转运动是通过一个磁力驱动器来实现的，它位于釜盖中央，与搅拌轴连成一体，以同步转速旋转。磁力驱动装置用高压法兰、螺钉与釜盖连接在一体，中间由金属密封垫片实现与釜盖静密封。传动装置用的电动机与减速器安装有两种形式：一种用 V 型带侧面传动，另一种为电动机与减速器直接驱动。

4. 安全与保护装置

隔爆型三相异步电动机可保护电动机在易燃易爆工况下安全运转，釜盖上设置有安全阀或爆破片等泄压安全附件。当釜内压力超过规定压力时，打开泄压装置，自行降压，保证设备的安全。安全阀必须经过校准后才能使用。校准后加铅封。釜盖与釜体法兰上均备有衬里夹层排气小孔，如有渗漏，首先在此发现，可及时采取措施。密闭釜体内部转轴运转情况，可借助于装在磁力驱动器外部的转速传感器显示出来，如有异常情况，可及时采取停车检查措施。

磁传动适用于任何需要密封的场合，就是把原来动密封转化为静密封，使之完全无泄漏搅拌，主要运用于加氢釜、高压釜等不允许物料外溢的场合。

任务二　釜式反应器的操作与控制

学习目标

知识目标

1. 熟悉反应釜的几种操作方式。
2. 熟悉合成 2-巯基苯并噻唑的反应原理。
3. 熟悉 2-巯基苯并噻唑的生产工艺流程。
4. 熟悉高密度低压聚乙烯的工艺流程。
5. 熟悉生产高密度低压聚乙烯过程中的常见异常现象及处理方法。
6. 熟悉釜式反应器的操作要点。

能力目标

1. 能进行间歇釜式反应器的仿真操作。
2. 能进行连续搅拌釜式反应器的操作。
3. 操作过程中，能对反应时间、反应温度和压力进行合理控制。
4. 能判断操作过程中出现的异常现象并及时处理。

素质目标

1. 增强团队协作能力。
2. 意识到安全操作和控制反应釜的重要性。
3. 培养良好的职业素养。

任务介绍

釜式反应器的操作方式一般有三种，即连续式操作、半连续式操作和间歇式操作。其中，工业上最常用的是连续式操作和间歇式操作。以生产 2-巯基苯并噻唑为例进行釜式反应器的间歇式操作及以生产低密度聚乙烯为例进行釜式反应器的连续式操作。

任务分析

在本次任务中，通过查阅相关资料、参加小组讨论交流、教师引导、仿真实操练习等活动，认识釜式反应器的间歇式操作和连续式操作，描述操作方法，进行开、停车操作。对操作过程中的各工艺参数进行合理控制、调节，对出现的异常现象做出判断并及时处理。

相关知识点

认识釜式反应器的一般操作规程。

一、开车前的准备

① 熟悉设备的结构、性能，并熟练掌握设备操作规程。
② 准备必要的开车工具，如扳手、管钳等。
③ 检查水、电、气等公用工程是否符合要求。
④ 确保减速机、机座轴承、釜用机封油盒内不缺油。
⑤ 确认传动部分完好后，启动电机，检查搅拌轴是否按顺时针方向旋转，严禁反转。
⑥ 用氮气（压缩空气）试漏，检查釜上进出口阀门是否内漏，相关动、静密封点是否有漏点，并用直接放空阀泄压，看压力能否很快泄完。

二、开车

① 投运公用工程系统、仪表和电气系统。
② 按工艺操作规程进料，启动搅拌运行。
③ 反应釜在运行中要严格执行工艺操作规程，严禁超温、超压、超负荷运行，凡出现超温、超压、超负荷等异常情况，立即按工艺规定采取相应处理措施。禁止釜内超过规定的液位反应。
④ 严格按工艺规定的物料配比加（投）料，并均衡控制加料和升温速度，防止因配比错误或加（投）料过快，引起釜内剧烈反应，出现超温、超压、超负荷等异常情况，而引发设备安全事故。
⑤ 设备升温或降温时，操作动作一定要平稳，以避免温差应力和压力应力突然叠加，使设备产生变形或受损。

三、正常停车

① 根据工艺要求在规定的时间内停车，不得随意更改停车时间。
② 先停止搅拌，然后切断电源。
③ 依次关闭各种阀门。
④ 放料完毕，应将釜内残渣冲洗干净。不能用碱水冲刷，注意不要损坏搪瓷。
⑤ 在检查转动部分、附属设备、指示仪表、管路及阀门等是否都已按规定关闭或冲洗干净之后方可下班或交班。

四、紧急停车

反应釜发生下列异常现象之一时，应立即采取紧急措施紧急停车：釜内工作压力、温度超过许用值，采用各种措施仍不能使之下降；釜盖、釜体、蒸汽管道出现裂纹、鼓包、变形、泄漏等缺陷危及安全；安全附件失效，釜盖关闭不正，紧固件损坏难以保证安全运行；冷凝水排放受阻引起釜严重上拱变形时，采取紧急措施排放冷凝水，仍无效时；发生其他意外事故，且直接威胁到安全运行。

紧急停止运行的操作步骤是：

① 迅速切断电源，使运转设备，如泵、压缩机等停止运行。
② 停止向容器内输送物料。
③ 迅速打开出口阀，泄放容器内的气体或其他物料，必要时打开放空阀。
④ 对于系统性连续生产，紧急停车时做好与前后有关岗位的联系工作；同时，应立即与上级主管部门及有关技术人员取得联系，以便更有效地控制险情，避免发生更大的事故。

实操训练

训练一　间歇釜单元仿真操作

以 2-巯基苯并噻唑的生产为例说明常压间歇釜式反应器的操作与控制。

一、工艺流程简述

间歇反应在助剂、制药、染料等行业的生产过程中很常见。本工艺过程的产品（2-巯基苯并噻唑）就是橡胶制品硫化促进剂 DM（2，2'-二硫代苯并噻唑）的中间产品，它本身也是硫化促进剂，但活性不如 DM。

全流程的缩合反应包括备料工序和缩合工序。考虑到突出重点，将备料工序略去，则缩合工序共有三种原料：多硫化钠（Na_2S_n）、邻硝基氯苯（$C_6H_4ClNO_2$）及二硫化碳（CS_2）。

主反应如下：

$$2C_6H_4ClNO_2 + Na_2S_n \longrightarrow C_{12}H_8N_2S_2O_4 + 2NaCl + (n-2)S\downarrow$$

$$C_{12}H_8N_2S_2O_4 + 2CS_2 + 2H_2O + 3Na_2S_n \longrightarrow 2C_7H_4NS_2Na + 2H_2S\uparrow + 3Na_2S_2O_3 + (3n-6)S\downarrow$$

副反应如下：

$$C_6H_4NClO_2 + Na_2S_n + H_2O \longrightarrow C_6H_6NCl + Na_2S_2O_3 + (n-2)S\downarrow$$

工艺流程如图 2-8 所示。

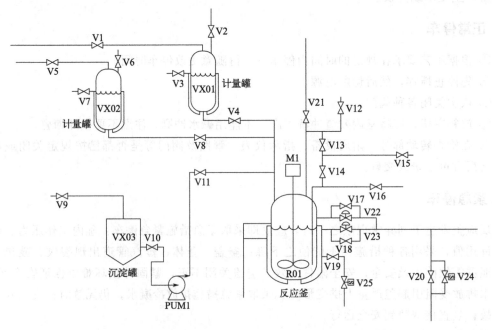

图 2-8　2-巯基苯并噻唑生产流程

来自备料工序的多硫化钠（Na_2S_n）、邻硝基氯苯（$C_6H_4ClNO_2$）及二硫化碳（CS_2），分别注入计量罐及沉淀罐中，经计量沉淀后利用位差及离心泵压入反应釜中。釜温由夹套中的蒸汽、冷却水及蛇管中的冷却水控制，设有分程控制 TIC101（只控制冷却水），通过控制反应釜温来控制反应速度及副反应速度，获得较高的收率及确保反应过程安全。

在本工艺流程中，主反应的活化能要比副反应的活化能高，因此升温后更利于提高反应收率。在 90℃ 的时候，主反应和副反应的速度比较接近，因此，要尽量延长反应温度在 90℃ 以上的时间，以获得更多的主反应产物。

本工艺流程主要包括以下设备：RO1 间歇反应釜；VX01 CS_2 计量罐；VX02 邻硝基氯苯计量罐；VX03 Na_2S_n 沉淀罐；PUMP1 离心泵。

二、间歇式反应器单元仿真操作规程

1. 开车操作规程

装置开工状态为各计量罐、反应釜、沉淀罐处于常温、常压状态，各种物料均已备好，大部阀门、机泵处于关停状态（除蒸汽联锁阀外）。

（1）备料过程

① 向沉淀罐 VX03 进料（Na_2S_n）。

开阀门 V9，开度约为 50%，向罐 VX03 充液。

VX03 液位接近 3.60m 时，关小 V9，至 3.60m 时关闭 V9。

静置 4min（实际 4h）备用。

② 向计量罐 VX01 进料（CS_2）。

开放空阀门 V2。

开溢流阀门 V3。

开进料阀 V1，开度约为 50%，向罐 VXO1 充液。液位接近 1.4m 时，可关小 V1。溢流标志变绿后，迅速关闭 V1。

待溢流标志再度变红后，可关闭溢流阀 V3。

③ 向计量罐 VX02 进料（邻硝基氯苯）。

开放空阀门 V6。

开溢流阀门 V7。

开进料阀 V5，开度约为 50%，向罐 VXO2 充液。液位接近 1.2m 时，可关小 V5。溢流标志变绿后，迅速关闭 V5。

待溢流标志再度变红后，可关闭溢流阀 V7。

（2）进料

① 微开放空阀 V12，准备进料。

② 从 VX03 中向反应釜 R01 中进料（Na_2S_n）。

打开泵前阀 V10，向进料泵 PUM1 中充液。

打开泵后阀 V11，向 R01 中进料。

至 VX03 液位小于 0.1m 时停止进料，关泵后阀 V11。

关泵 PUM1。

关泵前阀 V10。

③ 从 VX01 中向反应釜 RX1 中进料（CS_2）。

检查放空阀 V2 开放。
打开进料阀 V4 向 R01 中进料。
待进料完毕后关闭 V4。
④ 从 VX02 中向反应釜 R01 中进料（邻硝基氯苯）。
检查放空阀 V6 开放。
打开进料阀 V8 向 R01 中进料。
待进料完毕后关闭 V8。
⑤ 进料完毕后关闭放空阀 V12。

(3) 开车阶段
① 检查放空阀 V12，进料阀 V4、V8、V11 是否关闭。打开联锁控制。
② 开启反应釜搅拌电机 M1。
③ 适当打开夹套蒸汽加热阀 V19，观察反应釜内温度和压力上升情况，保持适当的升温速度。
④ 控制反应温度直至反应结束。

(4) 反应过程控制
① 当温度升至 55~65℃时，关闭 V19，停止通蒸汽加热。
② 当温度升至 70~80℃时，微开 TIC101（冷却水阀 V22、V23），控制升温速度。
③ 当温度升至 110℃以上时，是反应剧烈的阶段，应小心加以控制，防止超温。当温度难以控制时，打开高压水阀 V20。关闭搅拌器 M1 可使反应降速。当压力过高时，可微开放空阀 V12 以降低气压，但放空会使 CS_2 损失，污染大气。
④ 反应温度大于 128℃时，相当于压力超过 8atm，已处于事故状态，如联锁开关处于"ON"的状态，联锁启动（开高压冷却水阀，关搅拌器，关加热蒸汽阀）。
⑤ 压力超过 15atm（相当于温度大于 160℃），反应釜安全阀作用。

2. 热态开车操作规程
(1) 反应中要求的工艺参数
① 反应釜中压力不大于 8atm。
② 冷却水出口温度不小于 60℃，如小于 60℃易使硫在反应釜壁和蛇管表面结晶，使传热不畅。

(2) 主要工艺生产指标的调整方法
① 温度调节。操作过程中以温度为主要调节对象，以压力为辅助调节对象。升温慢会引起副反应速度大于主反应速度的时间段过长，因而引起反应的产率低。升温快则容易反应失控。
② 压力调节。压力调节主要是通过调节温度实现的，但在超温的时候可以微开放空阀，使压力降低，以达到安全生产的目的。
③ 收率。由于在 90℃以下时，副反应速度大于正反应速度，因此在安全的前提下快速升温是收率高的保证。

3. 停车操作规程
判断反应终点如下所述。
① 打开放空阀 V12 5~10s，放掉釜内残存的可燃气体。关闭 V12。
② 向釜内通增压蒸汽。

打开蒸汽总阀 V15。

打开蒸汽加压阀 V13 给釜内升压，使釜内气压高于 4atm。

③ 打开蒸汽预热阀 V14 片刻。

④ 打开出料阀门 V16 出料。

⑤ 出料完毕后保持开 V16 约 10s 进行吹扫。

⑥ 关闭出料阀 V16（尽快关闭，超过 1min 不关闭将不能得分）。

⑦ 关闭蒸汽阀 V15。

三、异常现象及处理方法

1. 超温（压）事故

原因：反应釜超温（超压）。

现象：温度大于 128℃（气压大于 8atm）。

处理：① 开大冷却水，打开高压冷却水阀 V20。

② 关闭搅拌器 PUM1，使反应速度下降。

③ 如果气压超过 12atm，打开放空阀 V12。

2. 搅拌器 M1 停转

原因：搅拌器坏。

现象：反应速度逐渐下降为低值，产物浓度变化缓慢。

处理：停止操作，出料维修。

3. 蛇管冷却水阀 V22 卡

原因：蛇管冷却水阀 V22 卡。

现象：开大冷却水阀对控制反应釜温度无作用，且出口温度稳步上升。

处理：开冷却水旁路阀 V17 调节。

4. 出料管堵塞

原因：出料管硫黄结晶，堵住出料管。

现象：出料时，内气压较高，但釜内液位下降很慢。

处理：开出料预热蒸汽阀 V14 吹扫 5min 以上（仿真中采用），拆下出料管用火烧化硫黄，或更换管段及阀门。

5. 测温电阻连线故障

原因：测温电阻连线断。

现象：温度显示置零。

处理：改用压力显示对反应进行调节（调节冷却水用量）。

升温至压力为 0.3~0.75atm 就停止加热。

升温至压力为 1.0~1.6atm 开始通冷却水。

压力为 3.5~4atm 为反应剧烈阶段。

反应压力大于 8atm，相当于温度大于 128℃处于故障状态。

反应压力大于 10atm，反应器联锁启动。

反应压力大于 15atm，反应器安全阀启动（以上压力为表压）。

训练二　连续搅拌釜式反应器单元实操

以生产高密度低压聚乙烯的搅拌釜聚合系统为例介绍连续搅拌釜式反应器的操作与

控制。

一、工艺流程简述

乙烯、溶剂己烷以及催化剂、分子量调节剂等连续不断地加入反应器中,在一定的温度、压力条件下进行聚合,聚合热采用夹套及气体外循环、浆液外循环等方式除去,通过调节聚合条件精确控制聚合物的分子量及其分布,反应完成后聚合物浆液靠本身压力出料。

二、连续搅拌釜式反应器的操作

1. 开车

首先,通入氮气对聚合系统进行试漏,氮气置换。检查转动设备的润滑情况。投运冷却水、蒸汽、热水、氮气、工厂风、仪表风、润滑油、密封油等系统。投运仪表、电气、安全联锁系统往聚合釜中加入溶剂或液态聚合单体。当釜内液体淹没最低一层搅拌叶后,启动聚合釜搅拌器。继续往釜内加入溶剂或单体,直到达正常料位止。升温使釜温达到正常值。在升温的过程中,当温度达到某一规定值时,向釜内加入催化剂、单体、溶剂、分子量调节剂等,并同时控制聚合温度、压力、聚合釜料位等工艺指标,使之达到正常值。

2. 聚合系统的操作

(1) 温度控制　聚合温度的控制对于聚合系统操作是最关键的。聚合温度的控制一般有如下三种方法。

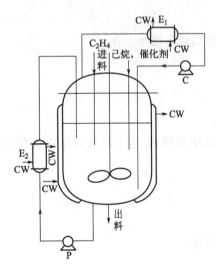

图 2-9　搅拌釜聚合系统示意图

① 通过夹套冷却水换热。

② 气相外循环换热。如图 2-9 所示,循环风机 C、气相换热器 E_1、聚合釜组成气相外循环系统,通过气相换热器 E_1 能够调节循环气体的温度,并使其中的易冷凝气相冷凝,冷凝液流回聚合釜,从而达到控制聚合温度的目的。

③ 浆液外循环换热。浆液循环泵 P、浆液换热器 E_2 和聚合釜组成浆液外循环系统,通过浆液换热器 E_2 能够调节循环浆液的温度,从而达到控制聚合温度的目的。

大型反应釜往往同时采用两种以上的换热方法。

(2) 压力控制　聚合温度恒定时,在聚合单体为气相时主要通过催化剂的加料量和聚合单体的加料量来控制聚合压力。如聚合单体为液相时,聚合釜压力主要决定单体的蒸气分压,也就是聚合温度。聚合釜气相中,不凝性惰性气体的含量过高是造成聚合釜压力超高的原因之一。此时需放火炬,以降低聚合釜的压力。

(3) 料位控制　聚合釜料位应该严格控制。一般聚合釜液位控制在 70% 左右,通过聚合浆液的出料速率来控制。连续聚合时聚合釜必须有自动料位控制系统,以确保料位准确控制。料位控制过低,聚合产率低;料位控制过高,甚至满釜,就会导致聚合浆液进入换热器、风机等设备中造成事故。

(4) 聚合浆液浓度控制　浆液过浓，造成搅拌器电动机电流过高，引起超负载跳闸、停转，就会造成釜内聚合物结块，甚至引发飞温、爆聚事故。停搅拌是造成爆聚事故的主要原因之一。控制浆液浓度主要通过控制溶剂的加入量和聚合产率来实现。

3. 停车

首先停进催化剂、单体，溶剂继续加入，维持聚合系统继续运行，在聚合反应停止后，停进所有物料，停搅拌器和其他运转设备，卸料，用氮气置换，置换合格后交检修。

三、异常现象及处理方法

（1）聚合温度失控　应立即停进催化剂、聚合单体，增加溶剂进料量，加大循环冷却水量，紧急放火炬泄压，向后系统排聚合浆液，并适时加入阻聚剂。

（2）停搅拌事故　应立即加入阻聚剂，并采取其他相应的措施。

任务三　维护与保养釜式反应器

学习目标

知识目标

1. 熟悉釜式反应器在操作过程中常见的事故。
2. 熟悉釜式反应器事故处理的方法。
3. 熟悉釜式反应器的维护要点。

能力目标

1. 能判断釜式反应器操作过程中的事故类别。
2. 面对突发的事故能用正确的处理方法及时处理。

素质目标

1. 增强团队协作能力。
2. 培养良好的职业素养。

任务介绍

化工生产企业有若干个主要生产车间和多个辅助车间，生产过程中往往拥有多个反应釜。从整体上看，设备多，贮罐多，管网纵横密布；从结构上看，整个生产系统是由若干个生产单元组合而成。每个生产单元又是由一台或多台反应釜、冷凝器与精馏塔组合而成。生产过程中几台设备协同作业，有一台设备出现问题，整个生产过程都会受到影响。

任务分析

在本次任务中，通过查阅相关资料，参加小组讨论交流、教师引导等活动，能总结反应器操作过程中常见的故障和维护要点。并根据事故现象判断事故发生的原因并及时处理。

相关知识点

知识点一　釜式反应器常见的故障及处理方法

表 2-3 给出了釜式反应器在开、停车及工作时遇到的常见故障及处理方法。

表 2-3　釜式反应器常见的故障及处理方法

序号	故障现象	故障原因	处理方法
1	壳体损坏（腐蚀、裂纹、透孔）	①受介质腐蚀（点蚀、晶间腐蚀）；②热应力影响产生裂纹或碱脆；③磨损变薄或均匀腐蚀	①用耐腐蚀材料衬里的壳体需重新修衬或局部补焊；②焊接后要消除应力，产生裂纹要进行修补；③超过设计最低的允许厚度需要换本体
2	超温、超压	①仪表失灵，控制不严格；②误操作，原料配比不当，产生剧烈的放热反应；③因传热或搅拌性能不佳发生副反应；④进气阀失灵，进气压力过大，压力高	①检查、修复自控系统，严格执行操作规程；②根据操作法，紧急放压，按规定定量；定时投料，严防误操作；③增加传热面积或清除结垢，改善传热效果；修复搅拌器，提高搅拌效率；④关总气阀，切断气源管理阀门
3	密封泄漏（填料密封）	①搅拌轴在填料处磨损或腐蚀，造成间隙过大；②油环位置不当或油路堵塞不能形成油封；③压盖没压紧，填料质量差或使用过久；④填料箱腐蚀；⑤动、静环端面变形、碰伤；⑥端面比压过大，摩擦副产生热变形；⑦密封圈选材不对，压紧力不够或V形密封圈装反，失去密封性；⑧轴线与静环端面垂直度误差过大；⑨操作压力、温度不稳，硬颗粒进入摩擦副；⑩轴窜量超过指标；⑪镶装或粘接动、静环的镶缝泄漏	①更换或修补搅拌轴，并在机床上加工，保证表面粗糙度；②调整油环位置，清洗油路；③压紧填料或更换填料；④修补或更换；⑤更换摩擦副或重新研磨；⑥调整比压要合适，加强冷却系统，及时带走热量；⑦密封圈选材、安装要合理，要有足够的压力紧；⑧停车，重新找正，保证垂直度误差小于0.5mm；⑨严格控制工艺指标，颗粒及结晶物不能进入摩擦副；⑩调整、检修，使轴的窜量达到标准；⑪改进安装工艺或过盈量要适当，胶黏剂要好用，粘接牢固
4	釜内有异常的杂音	①搅拌器摩擦釜内附件（蛇管、温度计管等）或刮壁；②搅拌器松脱；③衬里鼓包，与搅拌器撞击；④搅拌器弯曲或轴承损坏	①停车检修找正，使搅拌器与附件有一定距离；②停车检查，紧固螺栓；③修鼓包或更换衬里；④检修或更换轴及轴承
5	搪瓷搅拌器脱落	①被介质腐蚀断裂；②电动机旋转方向相反	①更换搪瓷轴或用玻璃修补；②停车改变转向

续表

序号	故障现象	故障原因	处理方法
6	搪瓷法兰漏气	①法兰瓷面损坏； ②选择垫圈材质不合理，安装接头不正确、空位、错移； ③卡子松动或数量不足	①修补、涂防腐漆或树脂； ②根据工艺要求，选择垫圈材料，垫圈接口要搭拢，位置要均匀； ③按设计要求，有足够数量的卡子，并要紧固
7	瓷面产生鳞爆及微孔	①夹套或搅拌轴管内进入酸性杂质，产生氢脆现象； ②瓷层不致密，有微孔隐患	①用碳酸钠中和后，用水冲净或修补，腐蚀严重的需更换； ②微孔数量少的可修补，严重的需更换
8	电动机电流超过额定值	①轴承损坏； ②釜内温度低，物料黏稠； ③主轴转速较快； ④搅拌器直径过大	①更换轴承； ②按操作规程调整温度，物料黏度不能过大； ③控制主轴转速在一定的范围内； ④适当调整检修

知识点二　维护要点

一、釜式反应器的维护要点

① 反应釜在运行中，严格执行操作规程，禁止超温、超压。
② 按工艺指标控制夹套（或蛇管）及反应器的温度。
③ 避免温差应力与内压应力叠加，使设备产生应力变形。
④ 严格控制配料比，防止剧烈反应。
⑤ 注意反应釜有无异常振动和声响，如发现故障，应检查修理并及时消除。

二、搪玻璃反应釜在正常使用中注意点

① 要严防金属硬物掉入设备内，运转时要防止设备振动，检修时按化工厂搪玻璃反应釜维护检修规程（HGJ 1008—79）执行。
② 尽量避免冷罐加热料和热罐加冷料，严防温度骤冷骤热。搪玻璃耐温剧变小于120℃。
③ 尽量避免酸碱液介质交替使用，否则将会使搪玻璃表面失去光泽而腐蚀。
④ 严防夹套内进入酸液（如果清洗夹套一定要用酸液时，不能用pH<2的酸液），酸液进入夹套会产生氢效应，引起搪玻璃表面像鱼鳞片一样大面积脱落。一般清洗夹套可用2%的次氯酸钠溶液，最后用水清洗夹套。
⑤ 出料釜底堵塞时，可用非金属棒轻轻疏通，禁止用金属工具铲打。对粘在罐内表面上的反应物料要及时清洗，不宜用金属工具，以防损坏搪玻璃衬里。

> 知识拓展

反应器的工作原理

釜式反应器的操作方式分为间歇式操作、连续式操作和半连续式操作。其中，间歇式操

作和连续式操作是常见的两种操作方式。

1. 间歇式操作

在釜式反应器中，各物料按一定比例一次性加入，在搅拌的作用下，各物料之间发生传质和传热现象，经过一定时间，达到所需的转化率，产物一次性取出，这种生产过程，叫作釜式反应器的间歇式操作。间歇式操作中，生产每一批物料所消耗的全部时间称为一个生产周期。一个生产周期由物料的反应时间和辅助时间组成。反应时间指的是物料在反应釜中的停留时间，而辅助时间指的是物料的准备、加料、卸料等所消耗的时间。

在间歇式操作中，物料在搅拌器的强烈搅拌下，各处物料相互混合、相互传热，使得反应釜内物料的温度、浓度保持均匀。但随着反应的进行，反应物的浓度不断下降，生成物的浓度不断增大。

2. 连续式操作

在釜式反应器中，反应物料连续加入反应釜，产物连续取出，这种操作方式叫作釜式反应器的连续式操作。连续式操作的釜式反应器也称连续釜。反应物料以稳定的流量进入反应釜，在搅拌器的作用下，与在釜内停留一段时间的物料迅速混合。这样，反应釜内各处物料参数（包括温度、浓度、压力等）都是均匀的。反应釜出口处的温度、浓度与釜内的温度、浓度相等。

在连续操作的釜式反应器中，物料进入釜内的时间并不相等。把不同时间进入反应釜内的物料之间的混合称为返混。由于返混现象的存在，有的物料刚进入釜内经搅拌器强烈地搅拌即被取出，有的物料在反应釜内停留很长时间才被取出，这样会降低反应器的生产能力。

降低返混的主要措施通常有两种，即横向分割和纵向分割。

巩固与提升

一、选择题

1. 下列各项不属于釜式反应器特点的是（   ）。
   A. 物料混合均匀 B. 传质、传热效率高
   C. 返混程度小 D. 适用于小批量生产

2. 手孔和人孔的作用是（   ）。
   A. 检查内部零件 B. 窥视内部工作状况
   C. 泄压 D. 装卸物料

3. 反应釜底的形状不包括（   ）。
   A. 平面形 B. 球形
   C. 蝶形 D. 锥形

4. 旋桨式搅拌器适用于（   ）的搅拌。
   A. 高黏度液体 B. 相溶的液体
   C. 气体 D. 液固反应

5. 反应温度在 300℃ 以上一般用（   ）作载热体较好。
   A. 高压饱和水蒸气 B. 熔盐
   C. 有机载热体 D. 高压汽水混合物

6. 搪玻璃反应釜的材质含有较高的（   ）。
   A. SiO_2 B. C

C. CaO   D. 稀有元素

7. 反应釜的壳体损坏的原因是（　　）。
A. 介质腐蚀   B. 仪表失灵
C. 压盖没压紧   D. 法兰面损坏

8. 烟道气加热法的特点不包括（　　）。
A. 高温加热   B. 传热效率高
C. 温度不易控制   D. 传热系数小

9. 釜式反应器正常停车时应（　　）。
A. 先切断电源，再停止搅拌
B. 不用关闭阀门
C. 用碱水冲洗残渣
D. 检查各种零部件是否正常

10. 反应釜工作时釜内有异常的杂音，原因有可能是（　　）。
A. 电动机旋转方向相反   B. 卡子松动
C. 密封圈选材不对   D. 搅拌器摩擦釜内附件

二、填空题

1. 搅拌釜式反应器由四大部分组成，即_____、_____、_____和_____。
2. 密封装置按密封的原理和方法不同，分为_____和_____两类。
3. 釜式反应器按操作方式不同，分为_____、_____和_____。
4. 机械密封的主要两大部件是_____和_____。
5. 常用的载冷剂有三类，即_____、_____和_____。
6. 搅拌装置是釜式反应器的关键设备，在反应器中起到强化_____和_____的作用。
7. 工业上常用的电加热法有_____、_____和_____三种。
8. 常用于制作容器的铸铁有_____、_____和_____。
9. 如果釜内操作压力为负压时，可用_____反应釜。
10. 温差应力和内压应力叠加，容易使反应釜产生_____。

三、判断题

1. 釜式反应器是一种低高径比的圆筒形反应器。（　　）
2. 釜式反应器的壳体上开有人孔、手孔及视镜。（　　）
3. 旋桨式搅拌器比螺带式搅拌器更适用于搅拌高黏度流体。（　　）
4. 密封装置中的密封面间无相对运动。（　　）
5. 换热器是用来加热或冷却反应物料的一种设备。（　　）
6. 低压饱和水蒸气可满足反应器对较高温度的要求。（　　）
7. 盐水的冷却温度可以比冷却水的冷却温度更低。（　　）
8. 连续式反应器的生产可节约大量的劳动时间，容易实现自动化控制。（　　）
9. 紧急停车时应先停止搅拌再切断电源。（　　）
10. 电动机反转会导致电动机电流超过额定值。（　　）

四、简答题

1. 简述釜式反应器的特点。

2. 釜式反应器常用的换热装置有哪些?
3. 常用的高温热源有哪些?
4. 釜式反应器按材质不同分为哪几种?
5. 釜式反应器壳体损坏的原因有哪些?

五、论述题

1. 比较一下填料密封和机械密封的优缺点。
2. 釜式反应器按操作方式不同分为哪些?并讨论一下它们的应用场合。
3. 简述间歇式操作和连续式操作的不同。
4. 釜式反应器开车前应如何准备?
5. 反应釜的维护要点有哪些?

项目三　　管式反应器

项目介绍

管式反应器一般应用于气相、均液相、非均液相、气液相、气固相、固相等反应过程。例如，乙酸裂解制乙烯酮、乙烯高压聚合、对苯二甲酸酯化、邻硝基氯苯氨化制邻硝基苯胺、氯乙醇氨化制乙醇胺、椰子油加氢制脂肪醇、石蜡氧化制脂肪酸、单体聚合以及某些固相缩合反应均已经采用管式反应器进行工业化生产。管式反应器的主要特点是：比表面积大，容积小，返混少，且能承受较高的压力，反应操作易于控制；但反应器的压降较大，动力消耗大。通过本项目的学习，认识管式反应器的基本结构、种类，总结其特点及应用场合，能在仿真系统中操作和控制管式反应器，通过异常现象判定事故的类型，并用正确的方法及时处理事故。

任务一　　认识管式反应器

学习目标

知识目标
1. 掌握管式反应器的分类、结构特点及工作原理。
2. 掌握管式反应器的传热方式。

能力目标
1. 能根据反应特点和工艺要求选择反应器类型。
2. 能优化反应器的设计与操作。

素质目标
1. 培养阐述问题、分析问题的应变意识。
2. 培养灵活运用所学专业知识解决实际问题的能力。

任务介绍

管式反应器是化工生产中应用较多的一种连续式操作反应器。在本任务中主要介绍了管式反应器的结构、类型与特点。

任务分析

在本次任务中,通过查阅相关资料,参加小组讨论交流、教师引导等活动,能总结管式反应器的结构、特点及应用场合,根据生产任务要求选择合适的管式反应器。

相关知识点

知识点一 管式反应器介绍

管式反应器在化工生产中的应用越来越多,而且向大型化和连续化发展,如图 3-1 所示。同时工业上大量采用催化技术,将催化剂装入管内,使管式反应器成为换热式反应器,常用于气固催化过程,图 3-2 是天然气加压催化蒸气转化法制合成氨原料气中的"一段转化炉"。

图 3-1 大型化工厂管式反应器实物图

图 3-2 一段转化炉

知识点二　管式反应器类型与特点

化工生产中，管式反应器是一种呈管状、长径比大于 100 的连续式操作反应器。这种反应器可以很长，如丙烯二聚的反应器管长以公里（千米）计；反应器的结构可以是单管，也可以是多管并联；可以是空管，如管式裂解炉，也可以是在管内填充颗粒状催化剂的填充管，以进行多相催化反应，如列管式固定床反应器。通常，反应物流处于湍流状态时，空管的长径比大于 50；填充段长与粒径之比大于 100（气体）或 200（液体），物料的流动可近似地视为平推流。

一、管式反应器的分类

管式反应器结构类型多种多样，常用的管式反应器有以下几种类型。

1. 水平管式反应器

图 3-3 是进行气相或均液相反应常用的一种管式反应器，由无缝钢管与 U 形管连接而成。这种结构易于加工制造和检修。高压反应管道的连接采用标准槽对焊钢法兰，可承受 1600～10000kPa 压力。如用透镜面钢法兰，承受压力可达 10000～20000kPa。

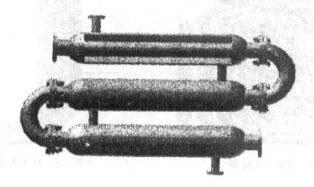

图 3-3　水平管式反应器

2. 立管式反应器

图 3-4 是几种立管式反应器。图 3-4（a）为单程式立管式反应器，图 3-4（b）为带中心插入管的立管式反应器。有时也将一束立管安装在一个加热套筒内，以节省安装面积，如图 3-4（c）所示。立管式反应器被应用于液相氨化反应、液相加氢反应、液相氧化反应等工艺中。

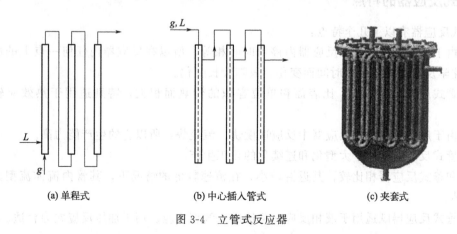

(a) 单程式　　　　(b) 中心插入管式　　　　(c) 夹套式

图 3-4　立管式反应器

3. 盘管式反应器

将管式反应器做成盘管的形式，设备紧凑，节省空间。但检修和清刷管道比较困难。图 3-5 所示的反应器由许多水平盘管上下重叠串联组成。每一个盘管是由许多半径不同的半圆形管子连接成螺旋形式，螺旋中央留出 400mm 的空间，便于安装和检修。

4. U 形管式反应器

U 形管式反应器的管内设有多孔挡板或搅拌装置，以强化传热与传质过程。U 形管的直径大，物料停留时间长，可应用于反应速率较慢的反应。例如带多孔挡板的 U 形管式反应器，被应用于己内酰胺的聚合反应。带搅拌装置的 U 形管式反应器适用于非均液相物料或液固相悬浮物料，如甲苯的连续硝化、蒽醌的连续磺化等反应。图 3-6 是一种内部设有搅拌和电阻加热装置的 U 形管式反应器。

图 3-5　盘管式反应器

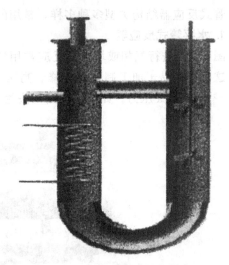
图 3-6　U 形管式反应器

5. 多管并联管式反应器

多管并联结构的管式反应器一般用于气固相反应，例如气相氯化氢和乙炔在多管并联装有固相催化剂的反应器中反应制氯乙烯，气相氮和氢混合物在多管并联装有固相铁催化剂的反应器中合成氨。

二、管式反应器的特点

管式反应器有以下几个特点：

① 由于反应物的分子在反应器内停留时间相等，所以在反应器内任何一点上的反应物浓度和化学反应速度都不随时间而变化，只随管长变化。

② 管式反应器容积小、比表面和单位容积的传热面积大，特别适用于热效应较大的反应。

③ 由于反应物在管式反应器中反应速度快、流速快，所以它的生产能力高。

④ 管式反应器适用于大型化和连续化的化工生产。

⑤ 和釜式反应器相比较，其返混较小，在流速较低的情况下，其管内流体流型接近于理想流体。

⑥ 管式反应器既适用于液相反应，又适用于气相反应。用于加压反应尤为合适。

此外，管式反应器可实现分段温度控制。其主要缺点是，反应速率很低时所需管道过长，工业上不易实现。

三、管式反应器与釜式反应器的差异

一般来说，管式反应器属于平推流反应器，釜式反应器属于全混流反应器。管式反应器的停留时间一般要短一些，而釜式反应器的停留时间一般要长一些。从移走反应热来说，管式反应器要难一些，而釜式反应器容易一些，可以在釜外设夹套或釜内设盘管解决。有时可以考虑管式加釜的混合反应进行，即釜式反应器底部出口物料通过外循环进入管式反应器再返回到釜式反应器，可以在管式反应器后设置外循环冷却器来控制温度。反应原料从管式反应器的进口或外循环泵的进口进入，反应完成后的物料从釜式反应器的上部溢流出来，这样两种反应器都用了进去。

知识点三　管式反应器的结构

下面以套管式反应器为例介绍管式反应器的具体结构。

套管式反应器由长径比很大（$L/D = 20 \sim 25$）的细长管和密封环通过连接件的紧固串联安放在机架上面组成（见图3-7）。它包括直管、弯管、法兰及紧固件、补偿器、联络管和机架等几部分。

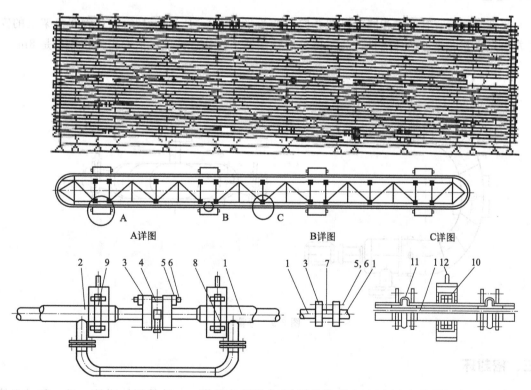

图 3-7　套管式反应器结构

1—直管；2—弯管；3—法兰；4—带接管的"T"形透镜环；5—螺母；6—弹性螺柱；
7—圆柱形透镜环；8—联络管；9—支架（抱箍）；10—支架；
11—补偿器；12—机架

一、直管

直管的结构如图 3-8 所示。内管长 8m，根据反应段的不同，内管内径通常也不同，有 27mm 和 34mm，夹套管用焊接形式与内管固定。夹套管上对称地安装一对不锈钢 Ω 形补偿器，以消除开、停车时因内外管线膨胀系数不同而附加在焊缝上的拉应力。

反应器预热段夹套管内通蒸汽加热进行反应，反应段和冷却段通冷却水移去反应热或冷却。所以在夹套管两端开了孔，并装有连接法兰，以便和相邻夹套管连通。为安装方便，在整管中间部位装有支座。

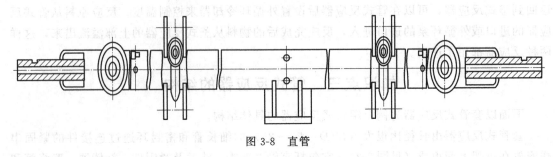

图 3-8 直管

二、弯管

弯管结构与直管基本相同（见图 3-9）。弯头半径 $R \geqslant 5D$ （$1 \pm 4\%$）。弯管在机架上的安装方法允许其有足够的伸缩量，故不再另加补偿器。内管总长（包括弯头弧长）也是 8m。

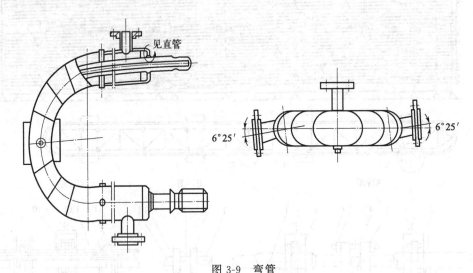

图 3-9 弯管

三、密封环

套管式反应器的密封环为透镜环。透镜环有两种形状。一种是圆柱形的，另一种是带接管的"T"形透镜环，如图 3-10 所示。圆柱形透镜环采用反应器内管同一材质制成。带接管的"T"形透镜环是安装测温、测压元件用的。

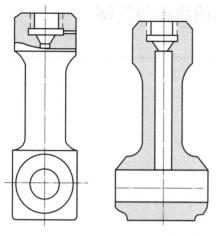

图 3-10 带接管的"T"形透镜环

四、管件

反应器的连接必须按规定的紧固力矩进行。所以对法兰、螺柱和螺母都有一定要求。

五、机架

反应器机架用桥梁钢焊接成整体。地脚螺栓安放在基础桩的柱头上,安装管子支架部位装有托架。管子用抱箍与托架固定。

管式反应器结构简单,可耐高温、高压,传热面积可大、可小,传热系数也较高,流体的流速较快,停留时间短,便于分段控制温度和浓度,在连续化操作中,物料沿管长方向流动,反应物浓度沿管长变化,但任意点上浓度不随时间变化,是一个定值。

知识点四　管式反应器的传热方式

管式反应器的加热或冷却可采用以下几种方式。

一、套管或夹套传热

如图 3-3、图 3-4 (a)、图 3-4 (b) 等所示的反应器,均可用套管或夹套传热结构。套管一般由钢板焊接而成,它是套在反应器筒体外面能够形成密封空间的容器,套管内通入载热体进行传热。

二、套筒传热

如图 3-4 (c)、图 3-5 所示的反应器可置于套筒内进行换热。套筒传热是把一系列管束构成的管式反应器放置于套筒内进行传热。

三、短路电流加热

将低电压、大电流的电源直接通到管壁上,使电能转变为热能。这种加热方法升温快、加热温度高、便于实现遥控和自控。短路电流加热已应用于邻硝基氯苯的氨化和乙酸热裂解制乙烯酮等管式反应器的反应上。

四、烟道气加热

利用气体或液体燃料燃烧产生的烟道气辐射直接加热管式反应器,可达数百度的高温,此法在石油化工中应用较多,如裂解生产乙烯、乙苯脱氢生产苯乙烯等。图 3-11 为一种采用烟道气加热的圆筒式管子炉。

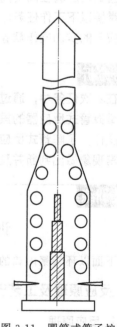

图 3-11 圆筒式管子炉

任务二 管式反应器的操作与控制

学习目标

知识目标
1. 掌握管式反应器的基本操作及故障处理方法。
2. 掌握管式反应器的操作要点。
3. 熟悉聚丙烯生产工艺流程。
4. 熟悉乙二醇生产的原理和工艺。
5. 熟悉连续式操作管式反应器实验评价装置。

能力目标
1. 以环管聚丙烯的仿真操作为例,能进行管式反应器的仿真操作。
2. 以环氧乙烷与水反应生成乙二醇为例,能进行管式反应器的操作与控制。
3. 在生产过程中,具有随时对发生的故障进行判断和处理的能力。
4. 具有对工艺参数(温度、压力)进行调节的能力。

素质目标
1. 增强团队协作能力。
2. 培养严谨和实事求是的工作态度。
3. 培养安全操作意识。

任务介绍

管式反应器在高温高压的反应过程中可以发挥出较好的操作优势,通过本项目的学习,要求掌握以下工作任务:通过反应器的单元仿真操作的练习掌握管式反应器的特点,通过管式反应器的实训操作掌握基本操作过程和方法。

任务分析

在本次任务中,通过查阅相关资料,参加小组讨论交流、教师引导、仿真实操练习等活动,掌握管式反应器的操作。通过环管聚丙烯的仿真操作和环氧乙烷与水反应生成乙二醇的实训操作,了解管式反应器的操作规范,合理控制、调节各工艺参数,并对操作过程中出现的异常现象做出判断并及时处理。

实操训练

训练一 管式反应器单元仿真操作

下面以环管聚丙烯的仿真操作为例说明管式反应器的仿真操作。

一、反应原理及工艺流程简述

1. 反应原理

丙烯聚合反应的机理相当复杂,甚至无法完全搞清楚。一般来说,可以划分为四个基本反应步骤：活化反应、形成活性中心、链引发、链增长及链终止。

对于活性中心，主要有两种理论：单金属活性中心模型理论和双金属活性中心模型理论。普遍接受的是单金属活性中心理论。该理论认为活性中心是呈八面体配位并存在一个空位的过渡金属原子。

以 $TiCl_3$ 催化剂为例，首先单体与过渡金属配位，形成 Ti 配合物，减弱了 Ti-C 键，然后单体插入过渡金属和碳原子之间。随后空位与增长链交换位置，下一个单体又在空位上继续插入，如此反复进行，丙烯分子上的甲基就依次照一定方向在主链上有规则地排列，即发生阴离子配位定向聚合，形成等规或间规 PP（聚丙烯）。对于等规 PP 来说，每个单体单元等规插入的立构化学是由催化剂中心的构型控制的，间规单体插入的立构化学则是由链终端控制的。

丙烯配位聚合反应机理由链引发、链增长、链终止等基元反应组成。链终止的方式有以下几种：瞬时裂解终止（自终止、向单体转移终止、向助引发剂 AlR_3 转移终止）、氢解终止。

氢解终止是工业常用的方法，不但可以获得饱和聚丙烯产物，还可以调节产物的分子量。

环管聚丙烯通过催化剂的引发，在一定温度和压力下烯烃单体聚合成聚烯烃，聚合后的烯烃的浆液经蒸汽加热后，高压闪蒸，分离出的烯烃经烯烃回收系统回收循环使用，聚合物粉末部分送入下一工段。

2. 工艺流程简述

聚丙烯工艺流程如图 3-12 所示，环管反应器 R201 的 DCS 图如图 3-13 所示，环管反应器 R202 的 DCS 图如图 3-14 所示。

来自界区的烯烃在液位控制下进入 D201 烯烃原料罐，经烯烃回收单元回收的烯烃送入 D201，混合后的烯烃经进料泵 P200A/B 送进反应器系统。为了保证 D201 压力稳定，通过改变经过烯烃蒸发器 E201 的烯烃量来控制 D201 的压力。

来自 P200A/B 的烯烃进入反应系统，反应系统主要由两个串联的环管反应器 R201 和 R202 组成。来自界区的催化剂在流量控制下，进入第一个环管反应器 R201。来自界区的氢气在流量控制下，分两路分别进入 R201 和 R202。烯烃在催化剂作用下发生聚合反应，其中聚合反应条件如下：反应温度为 70℃；反应压力为 3.4～4.4MPa。

两个环管反应器内浆液的温度是通过其反应器夹套中闭路循环的脱盐水系统来控制的。反应温度控制器（TIC241、TIC251）给夹套水温度控制器（TIC242、TIC252）设定一个值，使它作用于两蝶阀（TV242A/B、TV252A/B），观察夹套水温度，若水需要冷却，则使水进入夹套水冷却器 E208/E209，通过 E208/E209 的冷却水冷却，降低夹套水的温度，以进一步降低反应温度，从而除去反应中所产生的热量。反应温度控制属"分程控制"，在装置开、停车期间，为了维持反应温度恒定在 70℃，夹套水需通过 E204/E205 用蒸汽加热。

反应器温度通过夹套内的循环水来控制，循环泵 P205 和 P206 使水流量恒定。反应器冷却系统包括夹套水冷却器 E208 和 E209，循环泵 P205 和 P206。整个系统与氮封下的 D203 相连，另一台泵 P207 作为 P205 和 P206 的备用泵。

夹套的第一次注水和补充水用脱盐水或蒸汽冷凝水。D203 上的两个液位开关控制夹套水的补充。

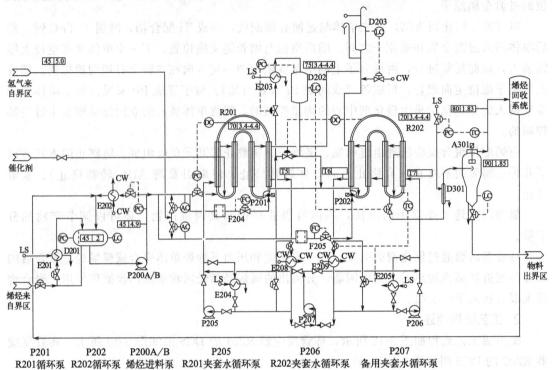

图 3-12 聚丙烯工艺流程图

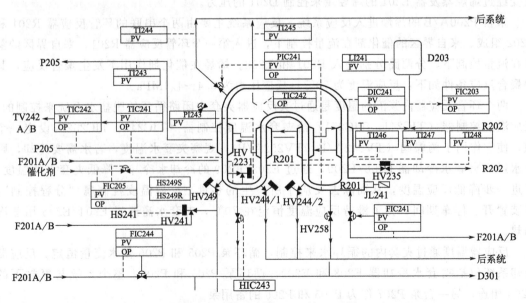

图 3-13 环管反应器 R201 的 DCS 图

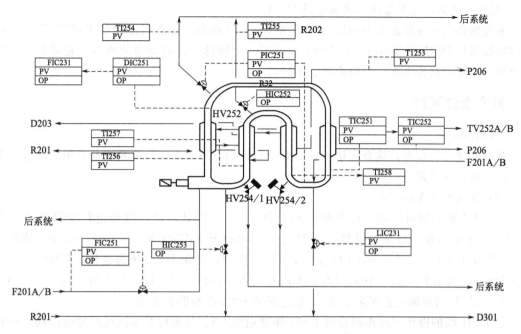

图 3-14 环管反应器 R202 的 DCS 图

反应压力是在一定的进出物料的情况下，通过反应器平衡罐 D202 来控制的，因为该罐是与聚合反应器连通的容器，而 D202 的压力是通过 E203 加热蒸发烯烃得到的，烯烃蒸发量越大，压力就越高。通过聚合反应，外管反应器中的浆液浓度维持在 50% 左右（浆液密度 560kg/m³），未反应的液态烯烃用作输送流体。两个反应器配有循环泵 P201 和 P202，它们是轴流泵，通过该泵将环管中的物料连续循环。循环泵对保持反应器内均匀的温度和密度是很重要的。

烯烃由 P200A/B 送入 R201，其流量是通过外管反应器内的浆液密度来串级控制的，亦即环管中的浆液浓度是通过调节烯烃进料量来控制的，环管反应器中的聚合物浆液连续不断地送到聚合物闪蒸及烯烃回收单元，以把物料中未反应的烯烃单体蒸发分离出来。从环管反应器来的浆液的排料是在反应器平衡罐 D202 的液位控制下进行的。

催化剂的供给对反应速度以及生成的聚烯烃量有非常重要的影响，在生产中一定要按要求控制平稳，催化剂的中断会使反应停止。

H_2 加入环管反应器以控制聚合物的熔融指数，根据操作条件如密度、烯烃流量、聚烯烃产率等改变 H_2 的补充量，若 H_2 中断，需终止反应。

环管反应器设置了一个使反应器内催化剂失活的系统，当反应必须立即停止时，把含 2% 一氧化碳的氯气加进环管反应器中以使催化剂失去活性。

第二环管反应器 R202 排出的聚合物浆液进入闪蒸罐 D301，烯烃单体与聚合物在此分离，单体经烯烃回收系统回收后返回到 D201。

闪蒸操作是从环管反应器排料阀出口处开始进行的，聚合物浆液自 R202 经闪蒸管线流到 D301，其压力由 3.4～3.5MPa 降到 1.8MPa，使烯烃再汽化。为了确保烯烃完全汽化和过热，在 R202 和 D301 之间设置了闪蒸线，在闪蒸线外部设置蒸汽夹套，通过 D301 气相温度控制器串级设定通入夹套的蒸汽压力。如果 D301 出现故障，R202 排出的物料可通过

D301 前的二通阀切送至排放系统而不进 D301。

聚合物和汽化烯烃进入 D301，聚合物落到 D301 底部，并在料位控制下送至下一工序，气相烯烃则从 D301 顶部回收。在 D301 顶部有一个特殊设计的动力分离器，它能将气相烯烃中携带的聚合物粉末进一步分离回到 D301。

二、开车操作系统

冷态开车

开工前全面大检查，检查完毕，设备处于良好的备用状态，排放系统及火炬系统应已正常，机、电、仪正常。

(1) 反应器开车前准备

① D201 罐的供料操作。打开烯烃蒸发器 E201 蒸汽进口阀；打开进料泵循环冷却器 E202 冷却水进口阀，将液态烯烃送至 D201，手动打开 FIC201 阀，开 50%～100% 接收烯烃。调节 PIC201 使烯烃经 E201 缓慢供到 D201 顶部，直至 D201 压力达到 1.5MPa。同时控制 PIC201 为 1.7～1.85MPa；LIC201 液位为 0～70%。当 LIC201 达到 40%～50% 时，启动 P200A/B 循环烯烃返回至 D201，通过调节 FIC202 控制回流量。

② D301 罐的操作（操作前检查 D301 伴管通蒸汽）。首先打开蒸汽疏水器旁路阀，待管子加热后关闭，打通闪蒸线夹套蒸汽系统。打开 PIC301，控制 PIC301 在 0.2MPa，通过 FIC224 加入液相烯烃。当 D301 压力为 5MPa 时，启动 A301，手动控制 PIC301，使 TIC301 温度为 70～80℃。控制 PIC302 在 1.8～1.9MPa，视情况投自动。将 FIC244 的调整到 4200kg/h，这可保证环管反应器出料受阻时，有足够的冲洗烯烃进入闪蒸罐。当开始向环管进催化剂时，要打开 D301 底部阀 LIC301，以便不断排出初期生成的聚合物粉料，排放到界区回收。D301 的料位在开车初期通常保持在零位，这种操作一直要持续到环管反应器的浆液密度达到 $450kg/m^3$。反应接近正常后，控制 LIC301 到 50%，投自动，完成 D301 的料位建立。

③ 反应器夹套水系统投用。打开夹套水循环管线上的手动切断间，打开冷却器 E208、E209 的冷却水。通过 LV241 将夹套循环水系统充满脱盐水，待 LV241 有液位时，则夹套已充满。夹套充满水后，启动夹套水循环泵 P205、P206。打开加热器 E204、E205 加热夹套水，将夹套水的温度控制在 40～50℃，将 D202 和第二反应器 R202 连通，手动关闭 LIC231 及其下游切断阀。

(2) 反应器系统开车　开车前必须进行聚合反应器 R201、R202 串联，并与平衡罐 D202 连通。

① 建立烯烃循环。打开 E201 到 D202 管线上的切断阀，用气相烯烃给 D202 充压，同时打开 D202 至 R201、R202 的气相充压管线，当 D202 和 R201、R202 的压力升至 1.0MPa 以上后，关闭 R201 和 D202 之间管线上的切断阀。当压力达到 1.5～1.8MPa 时，检查泄漏。向环管反应器 R201、R202 中注入液态烯烃。建立烯烃循环，使烯烃经过冲洗管线、闪蒸管线、D301、烯烃回收系统回到 D201。

② 反应器进料。把到反应器的烯烃管线上的所有的流量控制器都置于手动关闭状态，打开到反应器去的烯烃管线上的所有流量控制器的上、下游切断阀，并确认旁通阀是关闭的，确认夹套水冷却温度为 40℃，P1C231 的压力为 2.5MPa 左右。通过各反应器的控制阀向环管反应器进烯烃，最大流量为量程的 80%。同时调节 PIC231 使 D202 的压力逐渐增加

到 3.4~3.6MPa，控制 LIC231 在 40%~60%。

当环管反应器充满液相烯烃时，压力将上升，检查环管各腿顶部的液相烯烃充满情况。打开环管反应器顶部放空阀，开度为 10%~15%，观察相应的下游温度指示器，当温度急剧降至零度以下时，表明这条腿已充满了液相烯烃。控制 R201 的烯烃流量（FIC203）为 1000kg/h，R202 的烯烃流量（FIC231）为 5500kg/h。

③ 准备反应。检查并调整好环管反应器循环泵 P201、P202，然后启动循环泵 P201、P202。将 FIC232 控制在 200kg/h，开始向闪蒸管线通冲洗烯烃。以 4~6℃/5min 的升温速度缓慢提高环管反应器 R201、R202 温度至 70℃（由于液相烯烃受热膨胀，致使烯烃从环管反应器中排出并回收到 D201 中，所以，在外管反应器充满液相烯烃而未升温之前，D201 的液位要保持在 30%）。同时调整各反应器的进料量至正常流量，使得烯烃系统建立大循环（D201-R201-R202-D301-烯烃回收单元-D201），并将反应器的压力、温度调整至正常，D202 的压力、液位调整至正常，为进催化剂做好准备。

④ 开始反应。打开催化剂进料阀，开始加入催化剂，为防止反应急剧加速，要逐步增加催化剂量，使外管反应器中的浆液密度逐步上升到 $550\sim565kg/m^3$。为防止密度超过设定值，堵塞管线。当浆液密度达到设定值且操作平稳时，将每个反应器烯烃进料量与该反应器密度控制投串级，即用 DIC241 串级控制 FIC203、DIC251 串级控制 FIC231。DIC241 与 FIC203 投串级后，按照正常生产要求，调节催化剂量至正常，在调整催化剂的同时，调节进入两个反应器的氢气量至正常。

主催化剂进环管反应器后，烯烃开始反应，并释放热量，反应速度愈快，释放的热量就愈多。随着反应的进行，要及时减少夹套水加热器的蒸汽量，以使环管反应器的温度保持在 70℃，随反应的加速，很快就需要完全关闭蒸汽，并且启用 E208 和 E209。

从 R201 到 R202 的排料有两种形式：桥连接和带连接，分别采用两根不同的管线。正常生产采用桥连接，带连接是桥连接的备用。

三、正常运行

环管聚丙烯正常操作时的控制指标见表 3-1。

表 3-1 环管聚丙烯正常操作时的控制指标

仪表位号	名 称	正常值	仪表位号	名 称	正常值
AIC201	进 R201 烯烃中氢气/(μL/L)	876	LIC231	D202 液位/%	70
AIC202	进 R202 烯烃中氢气/(μL/L)	780	PIC231	D202 压力/MPa	3.8
FIC201C	去 R201 的氢气流量/(kg/h)	1.17	DIC241	R201 浆液密度/(kg/m³)	560
FIC202C	去 R202 的氢气流量/(kg/h)	0.584	PIC241	R201 压力（表压）/MPa	3.8
FIC203	去 R201 的烯烃流量/(kg/h)	27235	TIC241	R201 温度/℃	70
FIC205	催化剂的流量/(kg/h)	34.1	TIC242	R201 夹套水温度/℃	55
LIC201	D201 液位/%	80	DIC251	R202 浆液密度/(kg/m³)	560
PIC201	D201 压力/MPa	2	PIC251	R202 压力/MPa	3.5
TI201	D201 温度/℃	45	TIC251	R202 温度/℃	70
FIC231	去 R202 的烯烃流量/(kg/h)	17000	TIC252	R202 夹套水温度/℃	55

四、正常停车

1. 环管反应器的停车

（1）降温降压，停止反应　停止主催化剂的加入，关闭催化剂 FIC205 阀门。解除 DIC241 与 FIC203 串级及 DIC251 与 FIC231 串级，逐渐将 FIC203 减至 18000kg/h，逐渐将 FIC231 减至 7000kg/h。当密度 450kg/m³ 时，停止 H_2 进料。

注意：FIC203，FIC231 在降量的过程中适当提高 FIC244 流量不低于 8000kg/h。

当 E208、E209 完全旁通时，则启用反应器夹套水加热器 E204、E205 来加热夹套水，打开 E204、E205 蒸汽线上的阀门，通过控制调节控制阀 HV272、HV273 来维持环管反应器温度在 70℃。

继续稀释环管反应器中的反应物，直至密度达到此温度下的烯烃密度。环管反应器内的浆液经 HV301 向 D301 排放，当浆液浓度降至 414kg/m³ 时，如需要停 P201、P202，关 FIC203、FIC231、FIC241、FIC251 及 FIC232。环管反应器中的物料排至 D301，烯烃气经烯烃回收系统后送 D201。

（2）反应器排料　当环管反应器腿中的流位低于夹套时，用来自 E203 的烯烃蒸气从反应器顶部排气口对环管反应器加压。排空环管反应器底部烯烃的操作如下：

关反应器顶部排放管线上的手动切断阀，开充烯烃蒸气截止阀，打开每个环管反应器顶部自动阀（PIC241、HV242、PIC251、HV252）以平衡 D202 气相和环管反应器顶部压力，通过 PIC231 控制 D202 的压力为 3.4MPa。将环管反应器夹套水温度保持在 70℃，以免烯烃蒸气冷凝。可通过 HV301 切向排放系统，环管反应器和 D202 的液体倒空后，手动关闭 PIC231，使带压烯烃排向 D301，使之尽可能回收，最后剩余气排火炬。当环管反应器中的压力降到 1MPa 时，切断夹套水加热器 E204、E205 的蒸汽。设定 TIC242 和 TIC252 为 40℃，将夹套水冷却至 40℃，停水循环泵 P205、P206（或 P207）。

2. D201 罐的停车

一旦供给工艺区的烯烃停止，D201 将进行自身循环，此时烯烃进料系统就可安全停车。将 LIC201 置于手动，并处于关闭状态。手动关闭 FIC201 使 D201 的压力处于较低状态，如需倒空 D201 内的烯烃，缓慢打开 P200A/B 出口管线上后系统的烯烃截止阀。

3. D301 的停车

保持 D301 出口气相流量控制器（PIC302）设定值不变，它控制着 D301 进料管线的液相冲洗烯烃量。当聚合物流量降低时，料位继续保持自动控制，直到出料阀的开度≤10%，则 LIC301 打手动，并且逐渐把聚合物的料位降为零，当环管反应器中浆液密度达到 450kg/m³ 时，将 HV301 转换至低压排放，把剩余的聚合物排至后系统。当聚合物的流量为零时（即环管反应器中浆液密度降至 400kg/m³），且 D301 无料积存，手动关闭 LIC301。

五、紧急停车

当反应系统发生紧急情况时，环管反应器必须立即停车。此时应立即将反应阻聚剂 CO 直接注入环管反应器中以使催化剂失活。CO 几乎能立即终止聚合反应。CO 的注入方式是直接向 R201、R202 各支管上部注入，浓度为 2%。

操作步骤：关闭催化剂进料阀 FIC205，分别打开至 R201、R202 的 CO 钢瓶的手动截止阀。关闭通往火炬的排气阀 HV261 和 HV265。打开 CO 总管上的阀门 HV262 和

HV264。当终止反应后，关闭反应器底部 CO 注入阀（HV262、HV264），同时也关闭 CO 总管上的通往排放系统的排气阀（HV261、HV265）。

注意：一旦 CO 已被加入环管反应器中，并使催化剂失活，从而停止了环管反应器内的聚合反应。下一步要采取的措施由具体情况而定。

① 如果是原料中断，则需要将聚合物及单体排料切至后系统。

② 除非反应器中的浓度降到 $414kg/m^3$，否则不得中断反应器循环泵密封的烯烃冲洗。如果循环泵必须停的话，那么环管反应器的浓度必须从 $550kg/m^3$ 降低到小于 $414kg/m^3$，当达到这一浓度时，反应器循环泵可安全停车，到环管反应器的所有烯烃也可完全停掉。

③ 如果环管反应器循环泵由于某一循环泵的机械或电力故障导致停车，那么反应器的浆液密度不可能在停泵之前稀释到 $414kg/m^3$。在这种情况下，环管反应器内物料不能循环，则必须将阻聚剂直接加到环管反应器中去。

六、异常现象及处理

表 3-2 是聚丙烯反应中常见异常现象及处理方法。

表 3-2 常见异常现象及处理方法

序号	异常现象	产生原因	处理方法
1	①PIC301 压力为 0； ②D301 温度降低	蒸汽故障	①终止反应； ②按正常停车步骤停车
2	①TIC242 温度升高； ②TIC252 温度升高	冷却水停	按紧急停车步骤处理
3	FIC201 流量为 0	烯烃原料中断	按正常停车步骤处理
4	①催化剂进料 FIC205 为 0； ②R201 反应温度下降； ③R201 反应压力下降	催化剂进料阀故障	按紧急停车步骤处理
5	①R201 反应温度下降； ②R201 反应密度急速下降； ③R201 反应压力下降	P201 机械故障	按紧急停车步骤处理
6	①R202 反应温度下降； ②R202 反应密度急速下降； ③R202 反应压力下降	P202 机械故障	按紧急停车步骤处理
7	①R201 反应器压力增加； ②R202 反应器压力降低； ③反应温度降低	桥连接阀门故障	①快速恢复带连接阀； ②调节反应器压力； ③调节反应器温度； ④各仪表恢复到正常数据
8	①去 R201 的冷却水中断； ②R201 反应温度上升； ③D1C241 密度下降	P205 泵故障	①快速启动备用泵 P207； ②调整反应器温度； ③各仪表恢复到正常数据
9	①FIC202C 流量为 0； ②FIC201C 流量为 0	氢气进料故障	①观察反应； ②按正常停车步骤停车
10	①P200 泵停； ②FIC202 流量为 0； ③去反应的烯烃停	P200A 泵故障	按紧急停车步骤处理

训练二 管式反应器实训操作

以环氧乙烷与水反应生成乙二醇为例说明管式反应器的操作与控制。

一、反应原理

在乙二醇反应器中，来自精制塔底的环氧乙烷和来自循环水排放物流的水反应形成醇水溶液。其反应式如下：

主反应

$$CH_2 \underset{O}{-} CH_2 + H_2O \longrightarrow HO-CH_2-CH_2-OH \quad \text{乙二醇（MEG）}$$

副反应

$$HO-CH_2-CH_2-OH + CH_2\underset{O}{-}CH_2 \xrightarrow{1.0MPa} HO-CH_2-CH_2-O-CH_2-CH_2-OH \quad \text{二乙二醇}$$

二、工艺流程简述

乙二醇生产工艺流程如图 3-15 所示，精制塔塔底物料在流量控制下同循环水以 1∶22 的摩尔比混合，混合后通过在线混合器进入乙二醇反应器。反应为放热反应，反应温度为 200℃时，每生成 1mol 乙二醇放出热量为 8.315×10^4 J。来自循环水排放浓缩器的水，是在精制塔塔底物料的同流量比控制下进入乙二醇反应器上游的在线混合器的。混合物流进入乙二醇反应器，在此反应，形成乙二醇。反应器的出口压力是通过背压阀来控制的。从乙二醇反应器流出的乙二醇-水物流进入干燥塔。

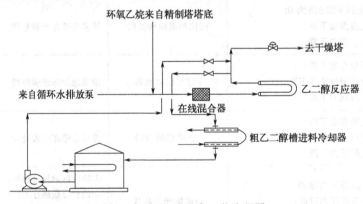

图 3-15　乙二醇生产工艺流程图

三、任务实施

（1）开车前的检查和准备

① 把循环水排放流量控制器置于手动，开始由循环排放浓缩器底部向反应器进水。在乙二醇反应器进口排放这些水，直到清洁为止。

② 关闭进口导淋阀并开始向反应器充水，打开出口导淋阀，关闭乙二醇反应器压力控制阀，当反应器出口导淋阀水排干净时关闭它。

③ 来自精制塔塔底泵的热水用泵通过在线混合器送到乙二醇反应器，各种联锁报警均

应校验。

④ 当乙二醇反应器出口导淋排放清洁时，把水送到干燥塔。

⑤ 运行乙二醇反应器压力控制器，调节乙二醇反应器压力，使之接近设计条件。

⑥ 干燥塔在运行前，干燥塔喷射系统应试验。后面的所有喷射系统都遵循这个一般程序。为了在尽可能短的时间内进行试验，关闭冷凝器和喷射器之间的阀门，因此在试验期间塔不必排泄。

⑦ 检查所有喷射器的导淋和插入热阱底部水封的尾管，用水充满热阱所有喷射器冷凝器，并密封管线。

⑧ 打开喷射器系统的冷却水流量。稍开高压蒸汽管线过滤器的导淋阀，然后稍开到喷射泵的蒸汽阀。关闭导淋阀，然后慢慢打开蒸汽阀。

⑨ 使喷射器运行，直到压力减少到正常操作压力。在这个试验期间应切断塔的压力控制系统，隔离切断阀下游喷射系统和相关设备，在24h内最大允许压力上升速度为33.3Pa/h。如果压力试验满足要求，则慢慢打开喷射系统进口管线上的切断阀，直到干燥塔冷凝器的冷却水流量稳定。

⑩ 干燥塔压力控制系统和压力调节器设为自动状态（设计设定点）。到热阱的冷凝液流量较少，允许在容器这里溢流。

⑪ 喷射系统已满足试验条件后，关闭入口切断阀并停止喷射泵。根据真空泄漏的下降程度确定塔严密性是否完好。如果系统不能达到要求的真空，应检查系统的泄漏位置并修理。

（2）正常开车

① 启动乙二醇反应器控制器。

② 启动循环水排放泵。

③ 通过乙二醇反应器在线混合器设定到乙二醇反应器的循环水排放量。

④ 精制塔塔底的流体，从精制塔开始，经过在线混合器和循环水混合后，输送到乙二醇反应器进行反应。

⑤ 设定并控制精馏塔塔底物流的流量，控制循环水流量和精制塔底物流的流量，使之在一定的比例之下操作。如果需要，汽提塔塔底液位同循环水排入物流投串级控制。

（3）正常停车

① 确定再吸收塔塔底的环氧乙烷耗尽，其表现为塔底温度下降，通过再吸收增的压差也将下降。

② 确定环氧乙烷进到再吸收塔，再吸收塔和精馏塔继续运行，直到环氧乙烷含量为零。

③ 关闭再吸收塔进水阀，停止塔底泵。

④ 关闭精制塔塔底流体去乙二醇反应器的阀门。

⑤ 当所有通过乙二醇反应器的环氧乙烷都被转化为乙二醇后，停止循环水排放。

如果停车持续时间超过4h，在系统中的所有环氧乙烷必须全部反应生成乙二醇，这是很重要的。

（4）正常操作

① 乙二醇反应器进料组成。乙二醇反应器进料组成是通过控制循环水排放到混合器的流量和精制塔内环氧乙烷排放到混合器的流量的比例来实现的，通常该反应器进料中水与环氧乙烷摩尔比为22∶1。乙二醇反应器前的混合器的作用是稀释富醛环氧乙烷排放物。如果

不稀释，则乙二醇反应器中较高浓度的环氧乙烷容易形成二乙二醇、三乙二醇等高级醇。

② 乙二醇反应器温度。每反应1%的环氧乙烷，反应温度会升高约5.5℃，因而可根据乙二醇反应器内的温升（出口—进口）计算精制塔塔底环氧乙烷的浓度。

正常乙二醇反应器进口温度应稳定在110～130℃范围内，使出口温度在165～180℃的范围内。如果乙二醇反应器进口混合流体的温度偏低，将会导致环氧乙烷不能完全反应，从而乙二醇反应器的出口温度也会偏低，产品中乙二醇的含量将会减小。

精制塔底部不含CO_2的环氧乙烷溶液质量分数为10%，在该溶液被送至乙二醇反应器之前，先在反应器进料预热器中加热到89℃，再输送到反应器一级进料加热器的管程，在0.21MPa的低压蒸汽下加热至114℃。再到反应器二级进料加热器的管程，由脱醛塔顶部来的脱醛蒸气加热到122℃。然后进入三段加热器中，被壳程中的0.8MPa的蒸汽加热至130℃，进入乙二醇反应器。乙二醇反应器是一个绝热式的U形管式反应器，反应是非催化的，停留时间约18min，工作压力为1.2MPa，进口温度为130℃，设计负荷情况下出口温度为175℃，在这样的条件下基本上全部的环氧乙烷都完全转化成乙二醇，质量分数约为12%。

因此，可以直接通过控制加热蒸汽的量来控制乙二醇反应器的进口温度，当然有时也可通过控制环氧乙烷的流量来控制乙二醇反应器的出口温度，从而提高产品中乙二醇的含量。

③ 乙二醇反应器压力。在压力一定的情况下，当温度高到一定程度时，环氧乙烷会汽化，未反应的环氧乙烷会增多，反应器出口未转化成乙二醇的环氧乙烷的损失也相应增加。因此，反应器压力必须高到能足以防止这些问题的发生。通常要求维持在反应器的设计压力，以保证在乙二醇反应器的出口设计温度下无汽化现象。

通常情况下，乙二醇反应器的压力是通过该反应器上压力记录控制仪表来控制的，并将该仪表设定为自动控制。反应器内设计压力为1250kPa，压力控制范围为1100～1400kPa。

四、管式反应器常见异常现象及处理方法

乙二醇生产过程中管式反应器常见异常现象及处理方法见表3-3。

表3-3　管式反应器常见异常现象及处理方法

序号	异常现象	原因分析判断	操作处理处理方法
1	所有泵停止	电源故障	①立即切断通入乙二醇进料汽提塔、反应器进料加热器以及所有再沸器的蒸汽； ②重复调整所有的流量控制器，使其流量为零； ③电源一恢复，反应系统一般即按"正常开车"中所述进行再启动，在蒸发器完全恢复前，来自再吸收塔的环氧乙烷水溶液的流量应很小； ④乙二醇蒸发系统应按"正常开车"中的方法重新投入使用
2	反应温度达不到要求	蒸汽故障	①精制工段必须立即停车； ②立即关掉干燥塔、乙二醇塔、乙二醇分离塔、二乙二醇塔和三乙二醇塔喷射泵系统上游的切断阀或手阀门，以防止蒸汽或空气返回任何塔中

续表

序号	异常现象	原因分析判断	操作处理处理方法
3	反应温度过高	冷却水故障	①停止到蒸发器和所有塔的蒸汽； ②停止各塔和蒸发器的回流； ③将调节器给定点调到零位流量； ④当冷却水流量恢复后，按"正常开车"中所述的启动
4	反应压力不正常	真空喷射泵故障	①关闭特殊喷射器上的工艺蒸汽进出口的切断阀； ②停止到喷射器塔的蒸汽、回流和进料； ③用氮气来消除塔中的真空，然后遵循相应的"正常开车"步骤，停乙二醇装置的其余设备
5	反应流体不能输送	泵卡	①启动备用泵； ②如果备用泵不能投用，蒸汽系列必须停车； ③运行乙二醇精制系统可以处理存量，或全回流，或停车

任务三　维护与保养管式反应器

学习目标

知识目标

1. 熟悉管式反应器在操作过程中常见的事故。
2. 熟悉管式反应器事故处理的方法。
3. 熟悉管式反应器的维护要点。

能力目标

1. 能判断管式反应器操作过程中的事故类别。
2. 面对突发的事故能用正确的处理方法及时处理。

素质目标

1. 养成安全操作意识、质量意识。
2. 培养分析问题和解决问题的能力。

任务介绍

管式反应器常见的故障有密封泄漏、放出阀泄漏、套管泄漏等。某一个参数的变化往往会带来连锁反应，直接影响生产。因此要及时对生产过程中出现的故障进行处理，并做好维护工作。

任务分析

在本次任务中，通过查阅相关资料、参加小组讨论交流、教师引导等活动，能总结反应器操作过程中常见的故障和维护要点，并根据事故现象判断事故发生的原因并及时处理。

项目三　管式反应器 | 73

相关知识点

知识点一　常见故障及处理方法

管式反应器常见故障及处理方法如表 3-4 所示。

表 3-4　管式反应器常见故障及处理方法

序号	故障现象	故障原因	处理方法
1	密封泄漏	①密封环材料不符合要求； ②振动引起紧固件松动； ③安装密封面受力不均； ④滑动部件受阻造成热胀冷缩局部不均匀	停车修理： ①更换密封环； ②把紧紧固螺栓； ③按规范要求重新安装； ④检查、修正相对活动部位
2	放出阀泄漏	①阀芯、阀座密封受伤； ②阀杆弯曲度超过规定值； ③装配不当，使油缸行程不足；阀杆与油缸锁紧螺母不紧密；密封面光洁度差，装配前清洗不够； ④阀体与阀杆相对密封面大，密封比压减小； ⑤油压系统故障造成油压降低； ⑥填料压盖螺母松动	停车修理： ①阀座密封面研磨； ②更换阀件； ③解体检查重装并做动作试验；紧固螺母；清洗密封面； ④更换阀件； ⑤检查并修理油压系统； ⑥锁紧螺母或更换螺母
3	爆破片爆破	①膜片存在缺陷； ②爆破片疲劳破坏； ③油放出阀连续失灵，造成压力过高； ④运行中超温超压，发生分解反应	①注意安装前爆破片的检验； ②按规定定期更换； ③检查油压放出阀联锁系统； ④爆破片爆破后，应做下列各项检查：接头箱超声波探伤；相邻超高压配管超声波探伤；经检查不合格的接头箱及高压配管应更新
4	反应管胀缩卡死	①安装不当使弹簧压缩量大，调整垫板厚度不当； ②机架支托滑动面相对运动受阻； ③支撑点固定螺栓与机架上长孔位置不当	①重新安装；控制蝶形弹簧压缩量；选用适当厚度的调整垫板； ②检查清理滑动面； ③调整反应管位置或修正机架孔
5	套管泄漏	①套管进出口因为管径变化引起气蚀，穿孔套管定心柱处冲刷磨损穿孔； ②套管进出接管结构不合理； ③套管材料较差； ④接口及焊接存在缺陷； ⑤接管法兰紧固不均匀	①停车局部修理； ②改造套管进出接管结构； ③选择合适的套管材料； ④焊口规范修补； ⑤重新安装连接接管，更换垫片

知识点二　管式反应器日常维护要点

管式反应器与釜式反应器相比，由于没有搅拌器一类转动部件，故具有密封可靠，振动小，管理、维护、保养简便的特点。但是经常性的巡回检查仍是不可少的。在运行出现故障时，必须及时处理，决不能马虎了事。管式反应器的维护要点如下：

① 反应器的振动通常有两个来源：一是超高压压缩机的往复运动造成的压力脉动的传

递；二是反应器末端压力调节阀频繁动作而引起的压力脉动。振幅较大时要检查反应器入口、出口配管接头箱固定螺栓及本体抱箍是否有松动，若有松动应及时紧固。但接头箱紧固螺栓只能在停车后才能进行调整。同时要注意蝶形弹簧垫圈的压缩量，一般允许为压缩量的50%，以保证管子热膨胀时的伸缩自由。反应器振幅控制在0.1mm以下。

② 要经常检查钢结构地脚螺栓是否有松动，焊缝部分是否有裂纹等。

③ 开停车时要检查管子伸缩是否受到约束，位移是否正常。除直管支架处蝶形弹簧垫圈不应卡死外，弯管支座的固定螺栓也不应该压紧，以防止反应器伸缩时的正常位移受到阻碍。

知识拓展

管式反应器在环保领域的应用

管式反应器是由一根或多根管状结构组成的连续式操作反应器，具有返混程度低、生产效率高、反应转化率高等优势。

工业的发展推动了社会进步和经济发展，但也造成了工业废水的排放量与日俱增。传统的生物法是处理工业废水最经济有效的方法，但其局限于只能处理成分单一、易降解的有机废水。对于高毒性、化学性质稳定、不易降解的工业废水缺乏有效合理的处理方法，成为现代社会亟需解决的重要环境问题。与生物法相比，电化学处理废水技术是一种新兴的清洁技术。其由于无需使用额外的化学试剂、装置所需空间小、残存污泥较少、灵活性高、无污染等特点，受到广泛关注。

电化学处理废水采用特殊的管式电极的结构形式，如图3-16所示。其由阳极棒状电极和分布在外管的阴极电极组成，根据废水的种类可选择不同的电极材质，用特制的导电电缆将管式电反应器的阴、阳极连接到电源的正负极，通过泵将工业废水送至反应器管内，废水内的高毒有机物与电极充分接触发生电解氧化或还原反应，或阳极各种重金属离子凝聚，以去除工业废水中的各种悬浮物、有机物、重金属离子等。

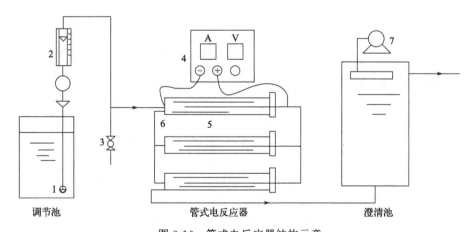

图3-16 管式电反应器结构示意

1—提升泵；2—流量计；3—压缩空气管；4—电源；5—管式电反应单元；
6—导电电缆线和导电条；7—刮渣机

巩固与提升

一、填空题

1. 在化工生产中，常常把反应器长度远大于其直径即长径比大于_____的一类反应器，统称为管式反应器。

2. 一般来说，管式反应器属于_____反应器，釜式反应器属于_____反应器。

3. 常用的管式反应器有_____、_____、_____、_____和多管并联管式反应器等 5 种类型。

二、思考题

1. 什么是管式反应器？
2. 管式反应器与釜式反应器有哪些差异？
3. 管式反应器是应用较多的一种连续式操作反应器，结构类型多种多样，常用的管式反应器有哪几种类型？
4. 管式反应器的加热或冷却可采用哪些方式？
5. 管式反应器由哪几部分构成？
6. 如何控制环管反应器的温度？
7. 怎样操作能使烯烃原料罐 D201 压力稳定？
8. 管式反应器常见故障有哪些？产生的原因是什么？如何处理？

项目四　　塔式反应器

项目介绍

气、液反应过程是化工生产过程中经常遇到的非均相反应。常见的有：产品的制取，如有机物的氧化、氯化、加氢；气体的吸收与分离，如醇胺法吸收天然气中的硫化氢。通过本项目的学习，能识别各类气液相催化反应器，描述反应器各部件结构；能根据反应特性选择合适的反应器类型；能熟练稳定控制反应操作过程的反应温度、原料配比；确定反应过程反应温度、反应时间、原料配比最优化的方法；能正确维护鼓泡塔反应器和填料塔反应器。

任务一　　认识塔式反应器

学习目标

知识目标
1. 熟悉塔式反应器及其在工业生产中的应用。
2. 掌握塔式反应器的基本结构、分类及特点。
3. 掌握工业生产中对塔式反应器的选型要求。
4. 掌握鼓泡塔反应器中的质量传递和热量传递基本规律。

能力目标
1. 能识别各类气液相催化反应器。
2. 能根据反应特点和工艺要求选择气液相反应器类型。
3. 能优化反应器的设计与操作。
4. 能独立检索关于气液反应器的知识。

素质目标
1. 培养阐述问题、分析问题的能力。
2. 培养在解决实际问题中的团队意识。

任务介绍

在化学工业中，塔式反应器广泛应用于加氢、磺化、卤化、氧化等化学加工过程。本任务主要介绍气液相反应器的种类及特点、各类塔式反应器的结构与特点。通过本任务的学习，认识塔式反应器的外观，根据生产工艺和反应特点正确选择合适的反应器。

任务分析

在本次任务中，通过查阅相关资料，参加小组讨论交流、教师引导等活动，了解气液反应器的分类、特点及应用场合，根据生产任务要求选择合适的气液反应器。

相关知识点

塔设备除了广泛应用于精馏、吸收、解吸、萃取等方面，它也可以作为反应器广泛应用于气液相反应。如图 4-1 所示，塔式反应器的外形呈圆筒状，高度一般为直径的数倍，内部常设有填料、筛板等构件，用来增大反应混合物相际间的传质面积。塔式反应器可用于进行气液相非均相反应，例如化学吸收，此时至少有一种反应物处于气相，而其他反应物、催化剂或溶剂等处于液相，也可用于进行气液固非均相反应，其中固相多为产物或催化剂。塔式反应器的操作方式有半间歇式和连续式两种，当半间歇式操作时，一般液相反应物一次加料，而气相反应物连续加料，当反应到一定程度后卸出产物。例如，氨水碳化生产碳酸氢铵使用塔式反应器，氨水一次加料后，连续通入二氧化碳反应，当产物碳酸氢铵达到一定浓度后，卸料分离即得到产品。

图 4-1 塔式反应器外形图

知识点一 气液相反应

气液相反应是指气体在液体中进行的化学反应，是一个非均相反应过程。气体反应物可能是一种或多种，液体可能是反应物或者只是催化剂的载体。反应速度的快慢除取决于化学反应速率外，很大程度上取决于气相和液相两相界面上各组分分子的扩散速度，所以如何使气、液两相充分接触是增加反应速度的关键因素之一。对于塔设备的应用与改进，增加反应相的接触面积正是主要考虑因素。

气液相反应与化学吸收的研究，既有相同点，又有不同之处。其共同点在于，它们都研究传质与化学反应之间的关系。不同之处在于，它们的研究各有侧重。化学吸收侧重于研究如何用化学反应去强化传质，以求经济、合理地从气体中吸收某些有用组分，即着眼于传质，故化学吸收也称带有化学反应的传质。气液相反应侧重于研究传质过程如何影响化学反应的转化率、选择性及宏观速率，以求经济、合理地利用气体原料生产化学产品，即着眼于化学反应。

知识点二 气液相反应器的种类及特点

一、气液相反应器的分类

按形成气液相界面的方式不同，气液相反应器可分为填料塔反应器、板式塔反应器、膜式塔反应器、喷雾塔反应器、鼓泡塔反应器、搅拌鼓泡反应器等。按照气液相的接触形态可分为：气体以气泡形态分散在液相中的鼓泡塔反应器、搅拌鼓泡反应器和板式塔反应器；液体以液滴状分散在气相中的喷雾塔反应器、喷射或文氏反应器；液体以液膜状与气相接触的填料塔反应器和降膜反应器。

常见塔式反应器的外形基本一致，内部一般都设有气液分布装置、除沫装置，区别在于气液分布装置的结构和气液接触方式。

几种主要塔式反应器的结构示意如图 4-2 所示。

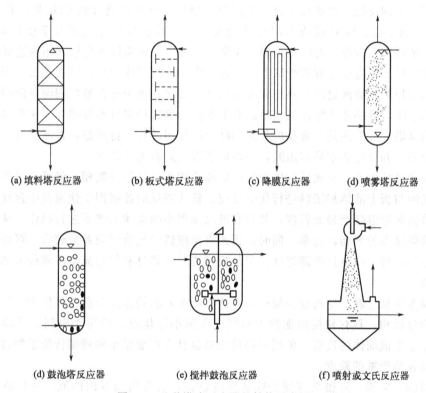

(a) 填料塔反应器　　(b) 板式塔反应器　　(c) 降膜反应器　　(d) 喷雾塔反应器

(d) 鼓泡塔反应器　　(e) 搅拌鼓泡反应器　　(f) 喷射或文氏反应器

图 4-2　几种塔式反应器的结构示意图

二、气液相反应器的特点

（1）鼓泡塔反应器　广泛应用于液相也参与反应的中速、慢速反应和放热量大的反应。例如，各种有机化合物的氧化反应、各种石蜡和芳烃的氯化反应、污水处理曝气氧化和氨水碳化生成固体碳酸氢铵等反应，都采用这种鼓泡塔反应器。鼓泡塔反应器在实际应用中具有以下优点。

① 气体以小的气泡形式均匀分布，连续不断地通过气液反应层，保证了充足的气液接触，使气、液充分混合，反应良好。

② 结构简单，容易清理，操作稳定，投资和维修费用低。

③ 鼓泡塔反应器具有极高的储液量和相际接触面积，传质和传热效率较高，适用于缓慢化学反应和高度放热的情况。

④ 在塔的内、外都可以安装换热装置。

⑤ 和填料塔相比，鼓泡塔能处理悬浮液体。

鼓泡塔在使用时也有一些缺点，主要表现如下。

① 为了保证气体沿截面的均匀分布，鼓泡塔的直径不宜过大，一般在 2～3m 以内。

② 鼓泡塔反应器液相轴向返混很严重，在不太大的高径比情况下，可认为液相处于理想混合状态，因此较难在单一连续反应器中达到较高的液相转化率。

③ 鼓泡塔反应器在鼓泡时所耗压降较大。

(2) 填料塔反应器　填料塔反应器是广泛应用于气体吸收的设备，也可用作气液相反应器，由于液体沿填料表面下流，在填料表面形成液膜而与气相接触进行反应，故液相主体量较少。适用于瞬间反应、快速和中速反应过程。例如，催化热碱吸收 CO_2 生成盐酸、H_2O 吸收 NO_x 形成硝酸、H_2O 吸收 HCl 生成盐酸、H_2O 吸收 SO_3 生成硫酸等通常都使用填料塔反应器。填料塔反应器具有结构简单、压降小、适应各种腐蚀性介质和不易造成溶液起泡的优点。但填料塔反应器也有不少缺点。首先，它无法从塔体中直接移去热量，当反应热较高时，必须增加液体喷淋量以显热形式带出热量；其次，由于存在最低润湿率的问题，在很多情况下需采用自身循环才能保证填料的基本润湿，但这种自身循环破坏了逆流的原则。尽管如此，填料塔反应器还是气液反应和化学吸收的常用设备。特别是在常压和低压下，压降成为主要矛盾时和反应溶剂易起泡时，采用填料塔反应器尤为适合。

(3) 板式塔反应器　板式反应塔中液体是连续相而气体是分散相，借助于气相通过塔板分散成小气泡与板上液体相接触进行化学反应。板式塔反应器适用于快速及中速反应。采用多板可以将轴向返混降至最低程度，并且它可以在很小的液体流速下进行操作，从而能在单塔中直接获得极高的液相转化率。同时，板式塔反应器的气液传质系数较大，可以在板上安置冷却或加热元件，以维持所需温度。但是板式塔反应器具有气相流动压降较大和传质表面较小等缺点。

(4) 喷雾塔反应器　结构较为简单，液体以细小液滴的方式分散于气体中，气体为连续相，液体为分散相，具有相接触面积大和气相压降小等优点。适用于瞬间、界面和快速反应，也适用于生成固体的反应。但喷雾塔反应器也具有持液量小和液侧传质系数过小，气相和液相返混较为严重的缺点。

(5) 降膜反应器　降膜反应器为膜式反应设备，通常借助管内的流动液膜进行气液反应，管外使用载热流体导入或导出反应热。降膜反应器可用于瞬间、界面和快速反应，它特别适用于热效应较大的气液反应过程。除此之外，降膜反应器还具有压降小和无轴向返混的优点。然而，由于降膜反应器中液体停留时间很短，不适用于慢反应，也不适用于处理含固体物质或能析出固体物质及黏性很大的液体。同时，降膜管的安装垂直度要求较高，液体成膜和均匀分布是降膜反应器的关键，工程使用时必须注意。

(6) 搅拌鼓泡釜式反应器　是在鼓泡塔反应器的基础上加上机械搅拌以增大传质效率发展起来的。在机械搅拌的作用下反应器内气体能较好地分散成细小的气泡，增大气液接触面积，但由于机械搅拌使反应器内液体流动接近全混流，同时能耗较高。釜式反应器适用于慢反应，尤其对高黏性的非牛顿型液体更为适用。

(7) 高速湍动反应器　喷射反应器、文氏反应器等属于高速湍动接触设备，它们适用于瞬间反应。此时，由于湍动的影响，加速了气膜传递过程的速率，因而获得很高的反应速率。

常用塔式反应器的特性参数比较见表 4-1。

表 4-1 常用塔式反应器的特性参数比较

反应器	存液量	相界面积/液相体积 /($m^2 \cdot m^{-3}$)	相界面积/反应器体积 /($m^2 \cdot m^{-3}$)	液含率
填料塔	低持液量	1200	100	0.08
板式塔		1000	150	0.15
喷淋塔		1200	60	0.05
鼓泡塔	高存液量	20	20	0.98
搅拌鼓泡釜式反应器		200	200	0.90

知识点三 塔式反应器的结构

一、填料塔反应器

1. 填料塔反应器的结构

填料塔反应器内部装有填料，液体由分布器自塔顶喷淋而下，气体一般自塔底与液体呈逆流上升，在填料表面形成液膜与气相接触反应。操作中，液体为分散相，气体为连续相。如图 4-3 所示，填料塔的塔身是一直立式圆筒，底部装有填料支承板，填料以乱堆或整砌的方式放置在支承板上。填料塔结构简单，耐腐蚀，轴向返混可忽略，能获得较大的液相转化率，气相流动压降小，适用于快速和瞬间反应过程，特别适宜于低压和介质具腐蚀性的操作。缺点是液体在填料床层中停留时间短，不能满足慢反应的要求，且存在壁流和液体分布不均、换热困难等问题。填料塔要求填料比表面大、空隙率高、耐腐蚀性强及强度和润湿等性能优良。

(1) 塔体　塔体是塔设备的主要部件，大多数塔体是等直径、等壁厚的圆筒体，顶盖以椭圆形封头为多。但随着装置的大型化，不等直径、不等壁厚的塔体逐渐增多。塔体除满足工艺条件对它提出的强度和刚度要求外，还应考虑风力、地震、偏心载荷所带来的影响，以及吊装、运输、检验、开停车等情况。

塔体材质常采用：非金属材料（如塑料、陶瓷等）、碳钢（复层、衬里）、不锈耐酸钢等。

(2) 塔体支座　塔设备常采用裙式支座，见图 4-4。它应当具有足够的强度和刚度，来承受塔体操作重量、风力、地震等引起的载荷。

塔体支座的材质常采用碳素钢，也有采用铸铁的。

(3) 人孔　人孔是安装或检修人员进出塔器的唯一通道。人孔的设置应便于人员进入任何一层塔板。对直径大于 800mm 的填料塔，人孔可设在每段填料层的上、下方，同时兼作填料装卸孔。设在框架内或室内的塔，人孔的设置可按具体情况考虑。一般在气液进出口等需经常维修清理的部位设置人孔。另外在塔顶和塔釜，也各设置一个人孔。塔径小于 800mm 时，在塔顶设置法兰（塔径小于 450mm 的塔，采用分段法兰连接），不在塔体上开设人孔。在设置操作平台的地方，人孔中心高度一般比操作平台高 0.7～1m，最大不宜超过 1.2m。最小为 600mm。人孔开在立面时，在塔釜内部应设置手柄（但人孔和底封头切线之间距离小于 1m 或手柄有碍内件时，可不设置）。装有填料的塔，应设填料挡板，借以保护人孔，并能在不卸出填料的情况下更换人孔垫片。

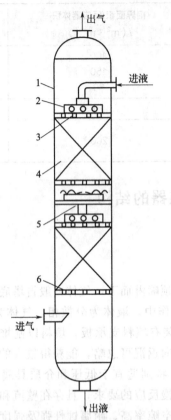
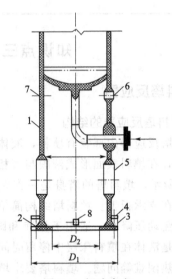

图 4-3 填料塔反应器结构示意图
1—塔体；2—液体分布器；3—填料压紧装置；
4—填料层；5—液体收集与再分布装置；
6—支承板

图 4-4 裙式支座
1—裙座圈；2—支承板；3—角牵板；4—压板；
5—人孔；6—有保温时排气管；
7—无保温时排气管；8—排液孔

(4) 手孔　手孔是指手和手提灯能伸入的设备孔口，用于不便进入或不必进入设备即能清理、检查或修理的场合。

手孔又常用作小直径填料塔装卸填料之用，在每段填料层的上下方各设置一个手孔。卸填料的手孔有时附带挡板，以免反应生成物积聚在手孔内。

(5) 塔内件　填料塔的内件有除沫器、填料、填料支承装置、填料压紧装置、液体分布装置、液体收集与再分布装置等。合理地选择和设计塔内件，对保证填料塔的正常操作及优良的传质性能十分重要。

① 除沫器。当空塔气速较大，塔顶溅液现象严重，以及工艺过程不允许出塔气体夹带雾滴的情况下，设置除沫装置，从而减少液体的夹带损失，确保气体的纯度，保证后续设备的正常操作。

常用的除沫装置有折板除沫器（见图 4-5）、丝网除沫器（见图 4-6）以及旋流板除沫器。此外，还有链条型除沫器、多孔材料除沫器及玻璃纤维除沫器等。在分离要求不严格的操作场合，还将于填料层作除沫器用。

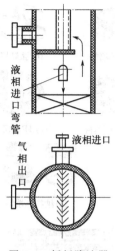
图 4-5 折板除沫器

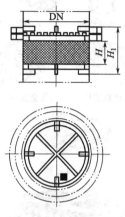
图 4-6 丝网除沫器

常用的折板除沫器是角钢除沫器，它的压力降一般为 50~100Pa，增加折流的次数，能提高其对气液的分离效率。这种除沫器结构比较简单，但耗用金属多，造价高，在大塔尤为明显，因而逐渐为丝网除沫器所取代。

丝网除沫器具有比表面积大、重量轻、孔隙率大及使用方便等优点。尤其是它具有除沫效率高、压降小的特点，从而成为一种广泛使用的除沫装置。

小型除沫器的丝网厚度由工艺条件决定，一般为 50~100mm，丝网应铺平，相邻每层丝网之间的波纹方向应相错一个角度，上面用支承板加以固定。丝网支承栅板的自由截面积应大于 90%，安装时，栅板应保持水平。

大型除沫器是分块式的，在支承圈上放置除沫筐，上面再放置栅板。安装除沫筐时，由两侧同时进行，最后将中间筐挤入，然后用扁钢圈压紧，除沫筐安装完，在上栅板之间用不锈钢丝每隔一段距离绑扎一道，每筐之间必须挤紧，尽量减少气体短路。

② 填料。填料种类很多，如图 4-7 所示。填料的作用是提供气液传质界面，因此总希望填料的比表面积大、重量轻，并有一定的强度。多年来人们对填料的设计、制造、技术改进做了大量的研究工作，开发出各种各样的填料供选用。填料分为两大类，一类是散装填料，一类是整砌填料。

③ 填料支承装置。填料支承装置的作用是支承塔内填料层。对其要求是：第一，应具有足够的强度和刚度，能支承填料的质量、填料层的持液量及操作中的附加压力等；第二，应具有大于填料层孔隙率的开孔率，以防止在此处首先发生液泛；第三，结构合理，有利于气液两相的均匀分布，阻力小，便于拆装。常用的支承装置有栅板型、孔管型、驼峰型等，如图 4-8 所示。选择哪种支承装置，主要根据塔径、使用的填料种类及型号、塔体及填料的材质、气液流速等而定。

④ 填料压紧装置。为保持操作中填料床层为一高度恒定的固定床，从而保持均匀一致的空隙结构，使操作正常、稳定，在填料填装后于其上方安装填料压紧装置。这样，可以防止在高压降、瞬时负荷波动等情况下填料床层发生松动和跳动。

填料压紧装置分为填料压板和床层限制板两大类，每类又有不同的形式，图 4-9 中列出了几种常用的填料压紧装置。填料压板自由放置于填料层上端，靠自身重力将填料压紧，它

图 4-7 几种常见填料

图 4-8 填料支承装置

图 4-9 填料压紧装置

适用于陶瓷、石墨制的散装填料。因填料易碎，当填料层发生破碎时，填料层孔隙率下降，此时填料压板可随填料层一起下落，紧紧压住填料而不会形成填料的松动。床层限制板用于金属散装填料、塑料散装填料及所有规整填料。因金属及塑料填料不易破碎，且有弹性，在填装正确时不会使填料下沉。床层限制板要固定在塔壁上，为不影响液体分布器的安装和使用，不能采用连续的塔圈固定，对于小塔可用螺钉固定于塔壁，而大塔则用支耳固定。

⑤ 液体分布装置。为了实现填料内气液两相密切接触、高效传质，填料塔的传质过程要求塔内任一截面上气液两相流体能均匀分布，特别是液体的初始分布至关重要。理想的液体分布器应具备以下条件。

a. 与填料相匹配的液体均匀分布点。填料比表面积越大，分离越精密，则液体分布器分布点密度也应越大。

b. 操作弹性较大，适应性好。

c. 为气体提供尽可能大的自由截面，实现气体的均匀分布，且阻力小。

d. 结构合理，便于制造、安装、调整和检修。

液体分布装置的种类多样，有喷头式、盘式、管式、槽式及槽盘式等。

2. 填料的性能评价

填料性能的优劣通常根据效率、通量及压降三要素衡量。在相同的操作条件下，填料的比表面积越大，气液分布越均匀，表面的润湿性能越优良，则传质效率越高；填料的孔隙率越大，结构越开敞，则通量越大，压降亦越低。国内学者对九种常用填料的性能进行了评价，用模糊数学方法得出了各种填料的评估值，得出如表4-2所示的结论。从表4-2可以看出，丝网波纹填料综合性能最好，瓷拉西环最差。

表4-2 几种填料综合性能评价

填料名称	评估值	评价	排序	填料名称	评估值	评价	排序
丝网波纹填料	0.86	很好	1	金属鲍尔环	0.51	一般好	6
孔板波纹填料	0.61	相当好	2	瓷IntalOx	0.41	较好	7
金属IntalOx	0.59	相当好	3	瓷鞍形环	0.38	略好	8
金属鞍形环	0.57	相当好	4	瓷拉西环	0.36	略好	9
金属阶梯环	0.53	一般好	5				

3. 填料塔反应器的应用

填料塔反应器广泛应用于气体吸收的设备，也可用作气液相反应器，由于液体沿填料表面下流，在填料表面形成液膜而与气相接触进行反应，故液相主体量较少。适用于瞬间、快速和中速反应过程。

二、板式塔反应器

1. 板式塔反应器的结构

板式塔反应器内部装有多块塔板，塔板的形式多为筛板或泡罩板，液体自上而下流经每块塔板，并在塔板上形成一定厚度的液层，气体自下而上流经每块塔板，经塔板上的小孔分散，以小气泡的形式与塔板上的液层接触反应。图4-10为板式塔反应器结构示意图。操作中，液体是连续相，气体是分散相。板式塔逐板操作，轴向返混降到最低，并可采用最小的液流速率进行操作，从而获得极高的液相转化率；气液剧烈接触，气液相界面传质和传热系数大；板间可设置传热构件，以移出和移入热量。适用于快速和中速反应过程，大多用于加压操作过程。缺点是反应器结构复杂，气相流动压降大，且塔板需用耐腐蚀性材料制作。

2. 板式塔反应器的应用

板式塔反应器适用于快速及中速反应。

三、膜式塔反应器

膜式塔反应器的结构类似直管式换热器，如图 4-11 所示。反应在管内进行，反应管垂直安装，液体在管内沿管壁呈膜状流动，气体在管中心与液体并流或逆流流动，并进行气液传质和反应，管间通冷却或加热介质，与管内物料换热。膜式塔压降小、无轴向返混，可用于瞬间、快速反应，也适用于热效应较大的气液反应。缺点是降膜管的安装垂直度要求高，不适用于慢反应，含固体物质或能析出固体物质及黏性很大的液体参加的反应。

四、喷雾塔反应器

1. 喷雾塔反应器的结构

喷雾塔反应器内除气液分布装置和除沫装置外再无其他构件，液体在塔顶被分散成细小液滴喷淋而下，气体自塔底经分布器在整个塔截面上均匀分布，向上流动，在液滴表面与液体接触，并进行传质反应，液体为分散相，气体为连续相。见图 4-12。

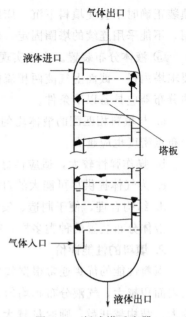

图 4-10 板式塔反应器结构示意图

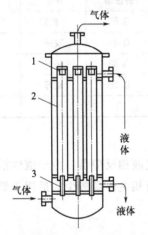

图 4-11 膜式塔反应器结构示意图
1—液体分布器；2—管子；3—气体分布器

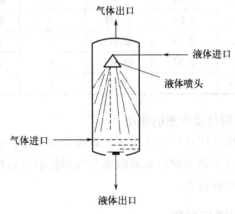

图 4-12 喷雾塔反应器

2. 喷雾塔反应器的应用

适用于瞬间、界面和快速反应，也适用于生成固体的反应。

五、鼓泡塔反应器

1. 鼓泡塔反应器的类型和结构

（1）鼓泡塔反应器的类型　鼓泡塔反应器也称为鼓泡床反应器。塔内充满液体，气体从反应器底部通入，分散成气泡沿着液体上升，即与液相接触反应同时搅动液体以增加传质速率，液体为连续相，气体为分散相。鼓泡塔换热方便，可在液体内部设置各种形式的换热管，在塔体外设置夹套或在塔外单独设置换热器进行换热，当反应放热时，也可利用液体蒸发移热。鼓泡塔结构简单、造价低、易控制、易维修、防腐问题易解决，用于高压时也无困难，适用于中速、慢速和放热量大的反应。缺点是液体返混严重，气泡易产生聚并。

图 4-13 所示为简单鼓泡塔反应器。工业所遇到的鼓泡塔反应器，按其结构可分为空心式、多段式、气体提升式和液体喷射式。空心式鼓泡塔（见图 4-14）在工业上得到了广泛的应用。这类反应器最适用于缓慢化学反应系统或伴有大量热效应的反应系统。当热效应较大时，可在塔内或塔外装备热交换单元，图 4-15 为具有塔内热交换单元的鼓泡塔。

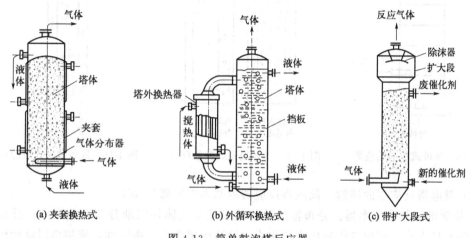

图 4-13　简单鼓泡塔反应器

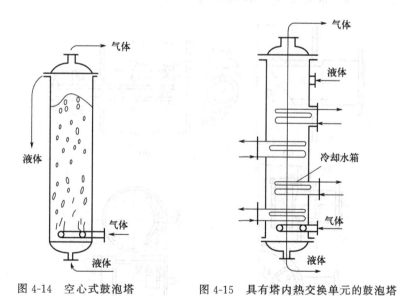

图 4-14　空心式鼓泡塔　　图 4-15　具有塔内热交换单元的鼓泡塔

为克服鼓泡塔中的液相返混现象，当高径比较大时，亦常采用多段式鼓泡塔（见图 4-16），以提高反应效果。高黏性物系，如生化工程中的发酵、环境工程中活性污泥的处理、有机化工中催化加氢（含固体催化剂）等情况，常采用气体提升式鼓泡反应器（见图 4-17）或液体喷射式鼓泡反应器（见图 4-18），此种利用气体提升和液体喷射形成有规则的循环流动，可以强化反应器传质效果,并有利于固体催化剂的悬浮。此类反应器又统称为环流式鼓泡反应器,它具有径向气液流动速度均匀,轴向弥散系数较低,传热、传质系数较大,液体循环速度可调节等优点。

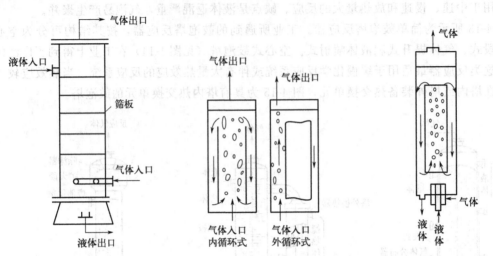

图 4-16 多段式鼓泡反应器　　图 4-17 气体提升式鼓泡反应器　　图 4-18 液体喷射式鼓泡反应器

(2) 鼓泡塔反应器的结构　鼓泡塔反应器的基本组成部分如下。

① 塔底部的气体分布器。分布器的结构要求是使气体均匀地分布在液层中;分布器鼓气管端的直径大小,要使气体鼓出来的泡小,使液相层中含气率增加,液层内搅动激烈,有利于气、液相传质过程。常见气体分布器如图 4-19 所示。

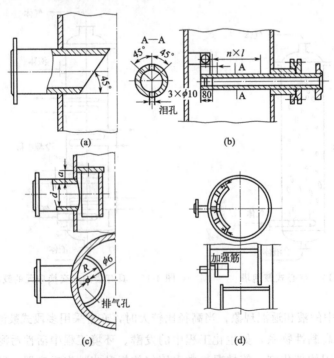

图 4-19 常见气体分布器

② 塔筒体部分。这部分主要是气液鼓泡层，是反应物进行化学反应和物质传递的气液层。如果需要加热或冷却时，可在筒体外部加上夹套，或在气液层中加上蛇管。

③ 塔顶部的气液分离器。塔顶的扩大部分，内装一些液滴捕集装置，以分离从塔顶出来气体中夹带的液滴，达到净化气体和回收反应液的作用。常见的气液分离器如图4-20所示。

2. 鼓泡塔反应器的应用

鼓泡塔反应器广泛应用于液相参与的中速、慢速反应和放热量大的反应。

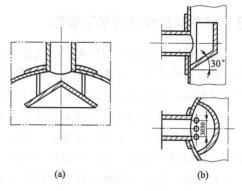

图4-20 常见的气液分离器

知识点四　塔式反应器的选型

塔式反应器选型时一般应考虑以下因素。

一、具备较高的生产能力

反应器形式应满足反应系统特性的要求，使之达到较高的宏观反应速率。在一般情况下，当气液相反应过程的目的是用于生产化工产品时，应考虑选用填料塔；如果反应速率极快可以选用填料塔和喷淋塔；如果反应速率极快，同时热效应又很大，可以考虑选用膜式塔；如果反应速率为快速或中速时，宜选用板式塔；对于要求在反应器内能处理大量液体而不要求较大相界面的动力学控制过程，宜选用鼓泡塔。

二、有利于反应选择性的提高

反应器的选型应有利于抑制副反应的发生。如平行反应中副反应较主反应慢，则可采用持液量较少的设备，以抑制液相主体进行缓慢的副反应；如副反应为连串反应，则应采用液相返混较少的设备（如填料塔）进行反应，或采用半间歇式（液体间歇加入和取出）反应器。

三、有利于降低能量消耗

反应器的选型应考虑能量综合利用并尽可能降低能耗。若反应在高于室温下进行，则应考虑反应热量的回收；如反应在加压条件下进行，则应考虑压力能量的综合利用。除此之外，为了造成气、液两相分散接触，需要消耗一定的动力。

四、有利于反应温度的控制

气液相反应绝大部分是放热的，因而如何移热，防止温度过高是经常碰到的实际问题。当反应热效应很大而又需要综合利用时，降膜塔反应器是比较合适的。除此之外，板式塔和鼓泡塔反应器可安置冷却盘管来移热。但在填料塔中，移热比较困难，通常只能提高液体喷淋量，以液体显热的形式移除。

五、能在较少液体流率下操作

为了得到较高的液相转化率,液体流率一般较低,此时可选用鼓泡塔和板式塔反应器,但不宜选用填料塔、降膜塔反应器。例如,当喷淋密度低于 $3m^3/(m^2 \cdot h)$ 时,填料就不会全部润湿,降膜塔反应器也有类似的情况。

尽管每一种塔式反应器都不可能同时满足上述5个要求,但可根据反应本身的特点及生产要求选用不同的反应器。鼓泡塔反应器和填料塔反应器均适用于气液相反应,鼓泡塔反应器在操作时液相是连续相,气相是分散相;而填料塔反应器在正常操作时气相是连续相,液相是分散相。正因为如此,它们的特点具有互补性。和其他塔式反应器相比,这两种反应器具有结构简单、操作简便等优点,因而在气液相塔式反应器中应用最广。

知识点五 塔式反应器的工业应用

在化学工业中,塔式反应器广泛地应用于加氢、磺化、卤化、氧化等化学加工过程。工业应用气液相反应实例见表4-3。除此以外,气体产品的净化过程和废气及污水的处理过程,以及好氧性微生物发酵过程均应用塔式反应器。

表4-3 工业应用气液相反应实例

工业反应	工业应用举例
有机物氧化	链状烷烃氧化成酸;对二甲苯氧化生产对苯二甲酸;环己烷氧化生产环己酮;乙醛氧化生产乙酸;乙烯氧化生产乙醛
有机物氯化	苯氯化为氯化苯;十二烷烃的氯化;甲苯氯化为氯化甲苯;乙烯氯化
有机物加氢	烯烃加氢;脂肪酸酯加氢
其他有机反应	甲醇羟基化为乙酸;异丁烯被硫酸所吸收;醇被三氧化硫硫酸盐化;烯烃在有机溶剂中聚合
酸性气体的吸收	SO_3 被硫酸所吸收;NO_2 被稀硝酸所吸收;CO_2 和 H_2S 被碱性溶液吸收

知识点六 鼓泡塔反应器传递特性

一、鼓泡塔反应器中流体流动特性

鼓泡塔中的气体以气泡形态存在,因此,气泡的形状、大小及其运动状况便是鼓泡塔的基本特性。长期以来,人们曾设想以单气泡作为鼓泡塔反应器的基元对鼓泡塔进行数学描述,但迄今未获成功。因为气泡的形状、大小和运动各异且瞬息万变,以致人们用现代仪器也无法追踪。

在正常操作情况下,鼓泡塔内充满液体,气体从反应器底部通入,分散成气泡沿着液体上升,即与液相接触进行反应同时搅动液体以增加传质速率。在鼓泡塔反应器中,气体由顶部排出而液体由底部引出。通常鼓泡塔的流动状态可划分为如下三种区域。

(1)安静鼓泡区 当表观气速低于 0.05m/s 时,常处于安静鼓泡区域,此时,气泡呈分散状态,气泡大小均匀,进行有秩序的鼓泡,目测液体搅动微弱。

(2)湍流鼓泡区 在较高的表观气速下,安静鼓泡状态不再能维持。此时部分气泡凝聚成大气泡,塔内气液剧烈无定向搅动,呈现极大的液相返混。气体以大气泡和小气泡两种形态与液体相接触,大气泡上升速度较快,停留时间较短,小气泡上升速度较慢,停留时间较长，形成不均匀接触的状态，称为湍流鼓泡区。

（3）栓塞气泡流动区　在小直径气泡塔中，较高表观气速下会出现栓塞气泡流动状态。这是由于大气泡直径被鼓泡塔的器壁所限制，实验观察到栓塞气泡流发生在小直径直至 0.15m 直径的鼓泡塔中。鼓泡塔流动状态如图 4-21 所示。图中三个流动区域的交界是模糊的，这是由于气体分布器的形式、液体的物理化学性质和液相的流速一定程度地影响了流动区域的转移。例如，孔径较大的分布器在很低的气速下就成为湍流鼓泡区；高黏度的液体在较大的气泡塔中也会形成栓塞流，而在较高气速下才能过渡到湍流鼓泡区。工业鼓泡塔的操作常处于安静和湍动区的流动状态之中。

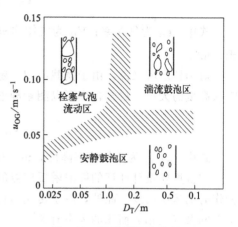

图 4-21　鼓泡塔流动状态

二、气泡大小

气泡的大小直接关系到气液传质面积。在同样的空塔气速下，气泡越小，说明分散越好，气液相接触面积就越大。在安静区，因为气泡上升速度慢，所以小孔气速对其大小影响不大，主要与分布器孔径及气液特性有关。对于安静区，单个球形气泡，其直径 d_b 可以根据气泡所受的浮力 $\pi d_b^3 (\rho_L - \rho_G) g / 6$ 与孔周围对气泡的附着力 $\pi \sigma_L d_0$ 之间的平衡求得，即

$$d_b = 1.82 \left[\frac{d_0 \sigma_L}{(\rho_L - \rho_G) g} \right]^{\frac{1}{3}} \tag{4-1}$$

式中，d_b 为单个球形气泡直径，m；σ_L 为液体表面张力，N/m；ρ_G 为气体密度，kg/m³；ρ_L 为液体密度，kg/m³；d_0 为分布器孔径，m。

在工业鼓泡塔反应器内的气泡大小不一，在计算时采用平均气泡直径，即当量比表面平均直径，其计算式为

$$d_{VS} = \frac{\sum n_i d_i^3}{\sum n_i d_i^2} \tag{4-2}$$

在气含率小于 0.14 的情况下，可以用下列经验式作近似估算：

$$d_{VS} = 26 D \left(\frac{g D^2 \rho_L}{\sigma_L} \right)^{-0.5} \left(\frac{g D^3 \rho_L^2}{\mu_L^2} \right)^{-0.12} \left(\frac{u_{OG}}{\sqrt{gD}} \right)^{-0.12} \tag{4-3}$$

式中，d_{VS} 为当量比表面平均直径，m；D 为鼓泡塔反应器内径，m；μ_L 为液体黏度，kg/m·s；u_{OG} 为气体空塔气速，m/s；$\frac{gD^2\rho_L}{\sigma_L} = Bo$ 为邦德数；$\frac{gD^3\rho_L^2}{\mu_L^2} = Ga$ 为伽利略数；$\frac{u_{OG}}{\sqrt{gD}} = Fr$ 为弗劳得数。

三、气含率

气含率的含义是气液混合液中气体所占的体积分数，可用下式表示：

$$\varepsilon_G = \frac{V_G}{V_L + V_G} = \frac{V_G}{V_{GL}} \tag{4-4}$$

式中，ε_G 为气含率；V_G 为气体体积，m^3；V_L 为液体体积，m^3；V_{GL} 为气液混合物体积，m^3。

对圆柱形塔来说，由于横截面积一定，因此气含率的大小意味着通气前后塔内充气床层膨胀高度的大小。故气含率可以测量静液层高度 H_L 和通气时床层高度 H_{GL} 计算得出，即

$$\varepsilon_G = \frac{H_{GL} - H_L}{H_{GL}} \tag{4-5}$$

式中，H_{GL} 为充气液层高度，m；H_L 为静液层高度，m。

掌握所要设计计算的鼓泡塔反应器的预定气含率和塔内装液量，便可预估鼓泡塔内通气操作时的床层高度。此外，对于传质与化学反应来讲，气含率也非常重要，因为气含率与停留时间及气液相界面积的大小有关。

影响气含率的因素主要有设备结构、物性参数和操作条件等。一般气体的性质对气含率影响不大，可以忽略。而液体的表面张力 σ_L、黏度 μ_L 与密度 ρ_L 对气含率都有影响。溶液里存在电解质时会使气液界面发生变化，生成上升速度较小的气泡，使气含率比纯水中的高 15%~20%。空塔气速增大时，ε_G 也随之增加，但 u_{OG} 达到一定值时，气泡汇合，ε_G 反而下降。ε_G 随塔径 D 的增加而下降，但当 $D>0.15m$ 时，D 对 ε_G 无影响。当 $u_{OG}<0.05m/s$ 时，ε_G 与塔径 D 无关。因此实验室试验设备的直径一般应大于 0.15m，只有当 $u_{OG}<0.05m/s$ 时，才可取小塔径。

关于气含率的关联式，目前普遍认为比较完善的是 Hirita 于 1980 年提出的经验公式，即

$$\varepsilon_G = 0.672 \left(\frac{u_{OG}\mu_L}{\sigma_L}\right)^{0.578} \left(\frac{\mu_L^4 g}{\rho_L \sigma_L^3}\right)^{-0.131} \left(\frac{\rho_G}{\rho_L}\right)^{0.062} \left(\frac{\mu_G}{\mu_L}\right)^{0.107} \tag{4-6}$$

式中，μ_G 为气体黏度，Pa·s；ρ_G 为气体密度，kg/m^3。

上式全面考虑了气体和液体的物性对气含率的影响。但对电解质溶液，当离子强度大于 $1.0mol/m^3$ 时，应乘以校正系数 1.1。

四、气液比相界面积

气液比相界面积是指单位气液混合鼓泡床层体积所具有的气泡表面积，可以通过气泡平均直径 d_{VS} 和气含率 ε_G 计算出，即

$$a = \frac{6\varepsilon_G}{d_{VS}} (m^2/m^3) \tag{4-7}$$

a 的大小直接关系到传质速率，是重要的参数，其值可以通过一定条件下的经验公式进行计算，即

$$a = 26.0 \left(\frac{H_L}{D}\right)^{-0.3} \left(\frac{\rho_L \sigma_L}{g\mu_L}\right)^{-0.003} \varepsilon_G \tag{4-8}$$

上式应用范围为：$u_{OG} \leqslant 0.6m/s$，$2.2 \leqslant H_L/D \leqslant 24$，$5.7 \times 10^5 \leqslant \frac{\rho_L \sigma_L}{g\mu_L} \leqslant 10^{11}$，误差 $\pm 15\%$。

由于 a 值测定比较困难，人们常利用传质关系式 $N_A = k_L a \Delta c_A$ 直接测定 $k_L a$ 之值进行

使用。

五、鼓泡塔内的气体阻力

鼓泡塔内的气体阻力 Δp 由两部分组成：一是气体分布器阻力，二是床层静压头的阻力。即

$$\Delta p = \frac{10^{-3}}{C^2} \times \frac{u_0^2 \rho_G}{2} + H_{GL} \rho_{GL} g \text{(Pa)} \tag{4-9}$$

式中，C^2 为小孔阻力系数，约为 0.8；u_0 为小孔气速，m/s；ρ_{GL} 为鼓泡层密度，kg/m³。

六、返混

在工业使用的鼓泡塔内，当气液并流由塔底向上流动处于安静区操作时，气体的流动通常可视为理想置换模型。当气液逆向流动，液体流速较大时，夹带着一些较小的气泡向下运动，而且由于沿塔的径向气含率分布不均匀，气泡倾向于集中在中心，液流既有在塔中心的流动，又有沿塔内壁的反向流动，因而，即使在空塔气速很小的情况下，液相也存在着返混现象。当液体高速循环时，鼓泡塔可以近似视为理想混合反应器。返混可使气液接触表面不断更新，有利于传质过程，使反应器内温度和催化剂分布趋于均匀。但是，返混影响物料在反应器内的停留时间分布，进而影响化学反应的选择性和目的产物的收率。因此，工业鼓泡塔通常采用分段鼓泡的方式、在塔内加入填料或增设水平挡板等措施，以控制鼓泡塔内的返混程度。

任务二　塔式反应器的操作与控制

> **学习目标**
>
> **知识目标**
> 1. 熟悉生产乙苯的实验评价装置。
> 2. 熟悉乙烯和苯为原料生产乙苯的原理和工艺。
> 3. 掌握塔式反应器的操作要点。
> 4. 掌握实训过程中的常见异常现象及处理方法。
>
> **能力目标**
> 1. 以乙醛氧化制乙酸操作为例，能进行鼓泡塔反应器的仿真操作。
> 2. 以乙烯和苯为原料生产乙苯为例，能进行鼓泡塔反应器的操作与控制。
> 3. 在生产过程中，具有随时对发生的故障进行判断和处理的能力。
> 4. 具有对工艺参数（温度、压力）调节的能力。
> 5. 能判断操作过程中出现的异常现象并及时处理。
>
> **素质目标**
> 1. 培养努力工作、勤俭节约的品质。
> 2. 养成化工安全生产和环保意识。

任务介绍

由于气液相反应器内进行的是非均相反应，需要有一定的传递特性来满足气液相间的传质过程。通过本项目的学习，要求掌握以下工作任务：通过反应器的单元仿真操作的练习掌握鼓泡塔反应器的特点，通过反应器的实训操作掌握基本操作过程和方法。

任务分析

在本次任务中，通过查阅相关资料，参加小组讨论交流、教师引导、仿真实操练习等活动，完成鼓泡塔反应器的开车、正常停车和事故处理，对操作过程中的各工艺参数进行合理控制、调节，对出现的异常现象做出判断并及时处理。

相关知识点

认识塔式反应器操作的一般规程。

一、开车前的准备

① 熟悉反应设备的结构、操作性能，并且掌握反应设备的操作规程。
② 认真检查反应器及其附属设备、工程仪表、安全阀、管路等是否符合安全要求。
③ 检查水、电、气等公用工程是否符合基本要求，包括塔及管线的清扫，以清除塔内有害物质。
④ 完成试爆，水汽操作实验，防水及物料试验等。
⑤ 用氮气对系统试漏、置换。

二、开车

① 打开加热或冷却系统。
② 将塔加热或冷却至所需温度。
③ 使塔达到需要的操作压力。
④ 使塔达到所需的操作负荷。

三、停车

1. 短期停车

① 降低操作负荷。
② 停止进料。
③ 关闭加热、冷却系统。
④ 退出物料。
⑤ 将塔压恢复常压。
⑥ 置换出塔内物料。
⑦ 打开人孔。

2. 停车检修

（1）物料的排放　当塔设备停止生产时，要卸掉塔内的压力，放出塔内所有存留物料，然后向塔内吹入蒸汽清洗。打开塔顶盖或者是塔顶气相出口进行蒸煮、吹除、置换、降温，然后自上而下打开塔体人孔。在检修前,要做好防火、防爆和防毒的安全措施,既要把塔内部的可燃性或者有毒性介质彻底清洗、吹净,又要对设备内及塔周围现场气体进行化验分析,达到安全检修的要求。

(2) 塔体检查　每次检修都要认真检查各部件如压力表、安全阀、放空阀、温度计、消防蒸汽阀等,是否准确、灵敏。

检查塔体腐蚀、变形、裂纹及各部分焊接情况,进行超声波测壁厚和相关的理化测试,并做相应的详细记录。经检查鉴定,如果认为对设计允许强度有影响时,可进行水压试验。

(3) 塔内检查　检查塔板各部件的结焦、污垢、堵塞情况,检查塔板、鼓泡构件和支承结构的腐蚀及变形情况。

检查塔板上各部件(溢流堰、受液盘、降液管)的尺寸是否符合图纸及标准。

对于浮阀塔板应检查其浮阀的灵活性,检查是否有卡死、变形、腐蚀等现象,浮阀孔是否有堵塞。检查各种塔板、鼓泡构件等部件的紧固情况,是否有松动现象。

四、常见事故与处理

常见事故及处理见表 4-4。

表 4-4　常见事故及处理

序号	故障现象	故障原因	处理方法
1	全塔效率低,塔压降与设计误差不大,	液体分布器问题	改进设计,并重新加工制作分布器;修补或更换分布器;重新安装,调水平度;调整分布孔密度;清除堵塞
2	塔内温度偏高或偏低	反应太过剧烈或不足	开大冷却水用量,或关小冷却水用量
3	塔内压力偏高或偏低		可通过调节温度来调节,当压力过高时,打开放空阀
4	蒸汽阀或冷却水阀卡住		打开蒸汽或冷却水旁路阀
5	进料管或出料管堵塞	物料黏度过大	用蒸汽或氮气吹扫

实操训练

训练一　鼓泡塔反应器仿真操作

下面以乙醛氧化制乙酸为例说明气固相鼓泡塔反应器的操作。

一、反应原理及工艺流程简述

1. 反应原理

乙醛首先与空气或氧气氧化成过氧醋酸,而过氧醋酸很不稳定,在醋酸锰的催化下发生分解,同时使另一分子的乙醛氧化,生成二分子乙酸。氧化反应是放热反应。

$$CH_3CHO + O_2 \longrightarrow CH_3COOOH$$
$$CH_3COOOH + CH_3CHO \longrightarrow 2CH_3COOH$$

总的化学反应方程式为:

$$CH_3CHO + 1/2O_2 \longrightarrow CH_3COOH$$

在氧化塔内,还有一系列的氧化反应,主要副产物有甲酸、甲酯、二氧化碳、水、乙酸甲酯等。

乙醛氧化制乙酸的反应机理一般认为可以用自由基的链反应机理来进行解释,常温下乙醛就可以自动地以很慢的速度吸收空气中的氧而被氧化生成过氧醋酸。

2. 工艺流程简述

乙醛氧化制乙酸氧化工段流程图如图 4-22 所示,第一氧化塔 DCS 图如图 4-23 所示,第一氧化塔现场图如图 4-24 所示。

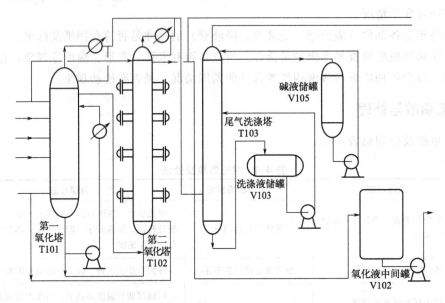

图 4-22 乙醛氧化制乙酸氧化工段流程图

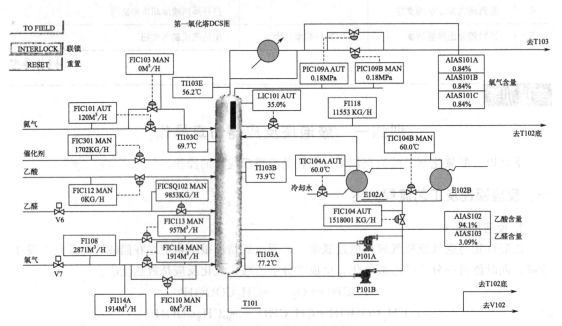

图 4-23 第一氧化塔 DCS 图

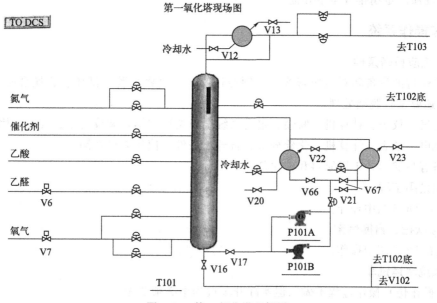

图 4-24　第一氧化塔现场图

乙醛和氧气按配比流量进入第一氧化塔（T101），氧气分两个入口入塔，上口和下口通氧量比约为1∶2，氮气通入塔顶气相部分，以稀释气相中氧气和乙醛。

乙醛和氧气首先在第一氧化塔 T101 中反应（催化剂溶液直接进入 T101），然后到第二氧化塔 T102 中再加氧气进一步反应，不再加催化剂。反应系统生成的粗乙酸进入蒸馏回收系统中，经氧化液蒸发器 E201、脱成品蒸发器 E206 脱除铁等金属离子，得到产品乙酸。从脱低沸物塔 T202 顶出来的低沸物去脱水塔 T203 回收乙酸，含量 99% 的乙酸又返回精馏系统，从塔 T203 中部抽出副产物混酸，T203 塔顶出料去甲酯塔 T204。甲酯塔塔顶产出甲酯，塔釜排出的废水去中和池处理。

氧化反应的反应热由换热器 E102A/B 移去，氧化液从塔下部用循环泵 P101A/B 抽出，经过换热器 E102A/B 循环回塔中，循环比（循环量∶出料量）为 （110～140）∶1。换热器出口氧化液温度为60℃，塔中最高温度为75～78℃，塔顶气相压力为0.2MPa（表），出第一氧化塔的氧化液中乙酸浓度在 92%～95%，从塔上部溢流去第二氧化塔 T102。第二氧化塔塔底部补充氧气，塔顶加入氮气，塔顶压力为 0.1MPa（表），塔中最高温度约为 85℃，出第二氧化塔的氧化液中乙酸含量为 97%～98%。

第一氧化塔和第二氧化塔的液位显示设在塔上部。出氧化塔的氧化液一般直接去蒸馏系统，也可以放到氧化液中间贮罐 V102 暂存。中间贮罐在正常操作情况下用作氧化液缓冲罐，停车或事故时用于贮存氧化液，乙酸成品不合格需要重新蒸馏时，由成品泵 P402 将其送到中间贮罐贮存，然后用泵 P102 送蒸馏系统回炼。

第一氧化塔反应热由外冷却器移走，第二塔反应热由内冷却器移除。乙醛与催化剂全部进入第一氧化塔，第二氧化塔不再补充。

两台氧化塔的尾气分别经循环水冷却的冷却器 E101 中冷却。冷却液主要是乙酸，并含有少量的乙醛，回到塔顶，尾气最后经过尾气洗涤塔 T103 吸收乙醛和乙酸后放空。洗涤塔采用在投氧前从下部输入新鲜工艺水，投入氧气后从上部输入碱液，分别用泵 P103、P104 循环。洗涤液温度为常温，含乙酸达到一定浓度后（70%～80%）送至精馏系统回收乙酸，碱洗段的洗涤液定期排放至中和池。

二、开车操作系统

1. 开工应具备条件

① 检修过的设备和新增的管线,必须经过吹扫、气密检验、试压、置换合格(若是氧气系统,还要进行脱酯处理)。

② 电气、仪表、计算机、联锁、报警系统全部调试完毕,调校合格、准确好用。

③ 机电、仪表、计算机、化验分析具备开工条件,值班人员在岗。

④ 备有足够的开工用原料和催化剂。

2. 引公用工程

直接在DCS图中操作。

3. N_2 吹扫、置换气密

直接在DCS图中操作。

4. 系统水运试车

以上操作仿真操作过程不做,但实际开车过程中必须要做。

5. 酸洗反应系统

① 开阀V57向V102注酸,超过50%液位后,关V57停止向V102注酸。

② 开泵P102向T101注酸,同时打开T101注酸塔根阀V4。

③ T101有液(液位约2%)后关闭泵P102,停止向T101注酸,同时关闭注酸塔根阀V4。

④ 打开泵前阀V17,开泵P101A,开酸洗回路阀V66,打开FIC104,连通酸洗回路,酸洗T101。

⑤ 关泵P101A,关闭泵前阀V17。

⑥ 打开FIC101,向T101充氮将酸压至T102中,同时打开T101底阀V16,打开T102底阀V32、V33,由T101向T102压酸。

⑦ T102中有液位显示后,打开T102进氮阀FIC105,向V102压酸,同时打开V102回酸阀V59,将T101、T102中的酸打回V102。

⑧ 压酸结束后,关闭FIC105、FIC101、V16、V32、V33、V59。

6. 配制氧化液

当T101中加乙酸30%后,停止进酸;向T101中加乙醛和催化剂,同时打开P101A/B泵打循环,开E102A通蒸汽为氧化液循环液加热,循环流量保持在700000kg/h(通氧前),氧化液温度保持在70~76℃,直到使浓度符合要求(醛含量约为75%)。

① 开泵P102,开氧化液中间贮槽注酸塔根阀V4,由V102向T101中注酸;同时开泵前阀V17、泵P101A、酸洗回路阀V66,调节FIC104使初始流量控制在500000kg/h。

② 依次缓开换热器E102入口阀V20和出口阀V22,为循环的氧化液加热。

③ 待T101液位达到30%后,关闭V4阀,同时停泵P102。

④ 打开FICSQ102,向T101中注入乙醛,并控制乙醛与投氧量摩尔比约为2∶1;同时打开V3,向T101中注入催化剂。

7. 第一氧化塔投氧气开车

① 开车前联锁投自动。

② 调整 PIC109A，使 T101 的压力保持在 0.2MPa（表）。

③ 打开并调节 FIC101 值为 120m³/h（氮气量），氧化液循环量 FIC104 控制在 700000kg/h。

④ 通氧气。

a. 用调节阀 FIC110 投入氧气，初始投氧气量小于 100m³/h。

注意两个参数的变化：LIC101 液位上涨情况；尾气氧含量 AIAS101 A、B、C 三块表显示值是否上升。随时注意塔底液相温度、尾气温度和塔顶压力等工艺参数的变化。如果液位上涨停止然后下降，同时尾气氧含量稳定，说明初始引发较理想，可逐渐提高投氧气量。

b. 当调节阀 FIC110 投氧气量达到 320m³/h 时，启动 FIC114 调节阀。在 FIC114 增大投氧气量的同时，应减小调节阀 FIC110 的投氧气量；FIC114 投氧气量达到 620m³/h 时，关闭调节阀 FIC110，继续由 FIC114 投氧气，直到正常。

c. FIC114 投氧气量达到 1000m³/h 后，可开启 FIC113 通入氧气，投氧气量 310m³/h 直到正常。原则要求：投氧气量在 0～400m³/h 之内，投氧气要慢，如果吸收状态好，要多次小量增加氧气量；400～1000m³/h 之内，如果反应状态良好，要加大投氧气幅度。应特别注意尾气中成分的变化，及时加大氮气量，同时保证上口和下口投氧气量的摩尔比约为 1：2。

d. T101 塔液位过高时要及时向 T102 塔出料。当投氧气量到 400m³/h 时，将循环量逐渐加大到 850000kg/h；当投氧气量达到 1000m³/h 时，将循环量加大到 1000m³/h。循环量要根据投氧气量和反应状态改变，同时要根据投氧气量和酸的浓度适当调节醛和催化剂的投料量。

⑤ 调节操作。

a. 将 T101 塔顶氮气量调节到 120m³/h，氧化液循环量 FIC104 调节为 500000～700000kg/h，塔顶 PIC109A/B 控制为正常值 0.2MPa。将换热器（E102A/B）中的一台 E102A 改为投用状态，调节阀 T1C104B 备用；另一台关闭其冷却水，通入蒸汽给氧化液加热，使氧化液温度稳定在 75～76℃。调节 T101 塔液位为 25%±5%，关闭出料调节阀 LIC101，按最小量投入氧气，同时观察液位、气液相温度及塔顶、尾气中含氧量的变化情况。当尾气含氧量上升时要加大 FIC101 氮气量，若继续上升含氧量达到 5%（体积分数）时，打开 FIC103 旁路氮气，并停止增加通氧气量。若液位下降一定量后处于稳定，尾气含氧量下降为正常值后，氮气量调回 120m³/h，含氧量仍小于 5% 并有回降趋势，液相温度上升快，气相温度上升慢，有稳定趋势，此时小量增加通氧气量，同时观察各项指标。若正常，继续适当增加通氧气量，直至正常。待液相温度上升至 84℃ 时，关闭 E102A 加热蒸汽。

当投氧气量达到 1000m²/h 以上时，且反应状态稳定或液相温度达到 90℃ 时，开始投冷却水。缓慢打开 TIC104A，并观察气液相温度的变化趋势，温度稳定后再增加投氧气量，投水量要根据塔内温度勤调，不可忽大忽小。在投氧气量增加的同时，要对氧化液循环量进行适当调节。

b. 投氧气量正常后，取 T101 氧化液进行分析，调整各项参数，稳定一段时间后，根据投氧气量按比例投入乙醛和催化剂。液位控制为 35%±5%，向 T102 出料。

c. 投氧气后，若来不及反应或吸收不好，使得液位升高或尾气含氧量增加到 5% 时，应

项目四　塔式反应器

减小氧气量，增大通入氮气量。当液位上升至80%或含氧量上升到8%时，应联锁停车，继续加大氮气量，同时关闭氧气调节阀。取样分析氧化液成分，确认无问题时，再次投氧气开车。

8. **第二氧化塔投氧气开车**

① 调整PIC112A开度，使T102的压力保持在0.1MPa（表）。

② 当T101液位升高到50%后，全开LIC101向塔T102出料，同时打开T102塔底阀V32，控制循环比（循环量：出料量）为110~120:1，使换热器出口氧化液温度为60℃，塔中物料最高温度为75~78℃。

③ T102有液后，打开塔底换热器TIC108的蒸汽保持温度在80℃，控制液位为35%±5%，并向蒸馏系统出料。取T102塔氧化液进行分析。

④ 打开FICSQ106，逐渐从塔T102底部通入氧气，塔顶氮气FIC105保持在90m^3/h。

由T102塔底部进氧气口，以最小的通氧气量投氧气，注意尾气含氧量。在各项指标不超标的情况下，通氧气量逐渐加大到正常值。当氧化液温度升高时，表示反应在进行。停蒸汽开冷却水（TIC105、TIC106、TIC108、TIC109）使操作逐步稳定。

9. **吸收塔投用**

① 打开V49，向塔中加工艺水，塔T103有液后，打开阀门V50，向V105中备工艺水。

② 开阀V48，向V103中备料（碱液），备料超过50%后，关阀V48。

③ 在氧化塔投氧气前先后打开P103A/B和阀门V54，向T103中投用工艺水。

④ 投氧气后先后打开P104A/B和阀门V47向T103中投用吸收碱液，同时打开阀门V46回流碱液。

⑤ 如工艺水中乙酸含量达到80%时，打开阀门V53向精馏系统排放工艺水。

10. **氧化系统出料**

当氧化液符合要求时，打开阀门V44向氧化液蒸发器E201出料。

三、停车操作系统

1. **正常停车**

① 将FICSQ102改成手动控制，关闭FICSQ102，停止通入乙醛。

② 通过FIC114逐步将进氧气量下调至1000m^3/h。注意观察反应状况，一旦发现LIC101液位迅速上升或气相温度上升等现象，立即关闭FIC114、FICSQ106，关闭T101、T102进氧阀，开启V102回料阀V59。

③ 依次打开T101、T102塔底阀V16、V33、V32，逐步退料到V102罐中，送精馏系统处理。停泵P101A，将氧化系统退空。

2. **事故停车**

对装置在运行过程中出现的仪表和设备上的故障而引起的被迫停车，应进行事故停车处理。

① 首先关掉FICSQ102、FIC112、FIC301三个进料阀。然后关闭进氧气、进乙醛线上的阀。

② 根据事故的起因控制进氮量的多少，以保证尾气中含氧量小于5%（体积分数）。

③ 逐步关小冷却水直到塔内温度降为60℃，关闭冷却水阀TIC104A/B。

④ 第二氧化塔冷却水阀由下而上逐个关掉并保温60℃。

四、正常运行管理及异常现象处理

1. 正常操作

熟悉工艺流程，密切注意各工艺参数的变化，维持各工艺参数稳定。正常操作下工艺参数如表4-5、表4-6所示。

表4-5　第一氧化塔正常操作工艺参数

位　号	正常值	单位	位　号	正常值	单位
PIC109A/B	0.18~0.2	MPa	TI103A	77±1	℃
LIC101	35±15	%	TI103E	60±2	℃
FICSQ102	9860	kg/h	AIAS101A、B、C	<5	%
FI108	2871	m³/h	AIAS102	92~95	%
FIC101	80	m³/h	AIAS103	<4	%
FIC104	110~140	m³/h			

表4-6　第二氧化塔正常操作工艺参数

位　号	正常值	单位	位　号	正常值	单位
PIC112A/B	0.1±0.02	MPa	FIC105	60	m³/h
LIC102	35±15	%	AIAS104	>97	%
FICSQ106	0~160	kg/h	AIAS105	<5	%

2. 异常现象及处理

表4-7是乙醛氧化制乙酸常见异常现象及处理方法。

表4-7　常见异常现象及处理方法

序号	异常现象	产生原因	处理方法
1	T101塔进乙醛流量计严重波动，液位波动，顶压突然上升，尾气含氧量增加	T101进塔乙醛球罐中物料用完	关小氧气阀及冷却水阀，同时关掉进乙醛线，及时切换球罐补加乙醛直至反应恢复正常。严重时可停车
2	T102塔中乙醛含量高	催化剂循环时间过长。催化剂中混入高沸物，催化剂循环时间较长时，含量较低	打开V3，补加新催化剂。增加催化剂用量
3	T101塔顶压力逐渐升高并报警，反应液出料及温度正常	T101塔尾气排放不畅，放空调节阀失控或损坏	①打开PIC109B阀； ②将PIC109A阀改为手动； ③关闭PIC109A阀，调T101塔顶压力至0.2MPa
4	T102塔顶压力逐渐升高，反应液出料及温度正常	T102塔尾气排放不畅	①打开PIC112B阀； ②将PIC112A阀改为手动； ③关闭PIC112A阀，调T102塔顶压力至0.1MPa

续表

序号	异常现象	产生原因	处理方法
5	T101塔内温度波动大,其他方面都正常	冷却水阀调节失灵	①TIC104A改为手动控制; ②关闭TIC104A; ③同时打开TIC104B,并改投自动
6	T101塔液面波动较大,无法自控	循环泵故障或氮气压力异常	①关闭泵P101A; ②打开泵P101B
7	T101塔或T102塔尾气含氧量超限	氧气、乙醛进料配比失调,催化剂失去活性	打开V3,并调节好氧气和乙醛配比

训练二　鼓泡塔反应器的实训操作

一、反应原理

乙烯气体与苯在液相中以三氯化铝复合体为催化剂进行烃化反应,生成物中含有主产物乙苯,未反应的过量苯及反应的副产物二乙苯及三烃基苯、四烃基苯,统称多乙苯。苯、乙苯和多乙苯的混合物称为"烃化液"。

其主反应方程式为

$$C_6H_6 + C_2H_4 \xrightarrow[(95\pm5)℃]{AlCl_3 复合体} C_6H_5C_2H_5 (乙苯)$$

同时生成深烃化产物

$$C_6H_5C_2H_5 + C_2H_4 \longrightarrow C_6H_4(C_2H_5)_2 (二乙苯)$$

$$C_6H_4(C_2H_5)_2 + C_2H_4 \longrightarrow C_6H_3(C_2H_5)_3 (三乙苯)$$

甚至可以生成四乙苯、五乙苯、六乙苯。

在烃化反应的同时,由于三氯化铝复合体催化剂的存在,也能进行反烃化反应,如:

$$C_6H_4(C_2H_5)_2 + C_6H_6 \longrightarrow 2C_6H_5C_2H_5$$

从烃化塔出来的烃化液带有部分$AlCl_3$复合体催化剂,这部分$AlCl_3$复合体催化剂经过冷却沉降以后,有活性的一部分送回烃化塔继续使用,另一部分综合利用分解处理。

二、工艺流程简述

精苯用泵送入烃化塔,乙烯气经缓冲器送入烃化塔(鼓泡塔反应器),根据反应的实际情况,用乙烯间歇地将三氯化铝催化剂定量地压入烃化塔。苯和乙烯在三氯化铝催化剂的存在下反应,烃化塔内的过量苯蒸气及未反应的乙烯气,经过捕集器捕集,使带出的烃化液返回烃化液沉降槽,其余气体进入循环苯冷凝器中冷凝。从烃化塔出来的流体经气液分离器后,回收苯送入水洗塔。分离出来的尾气(即HCl气体)进入尾气洗涤塔洗涤。沉降槽上层烃化液流入烃化液缓冲罐,进入缓冲罐的烃化液,由于烃化系统本身的压力,压进水洗塔底部进口,水洗塔上部出口溢出的烃化液进入烃化液中间槽,水洗塔中的污水由底部排至污水处理系统。由烃化液中间罐出来的烃化液,与由碱液罐出来的NaOH溶液一起经过中和泵混合中和。中和之后的混合液入油碱分离沉降槽沉降分离。其流程图如图4-25所示。

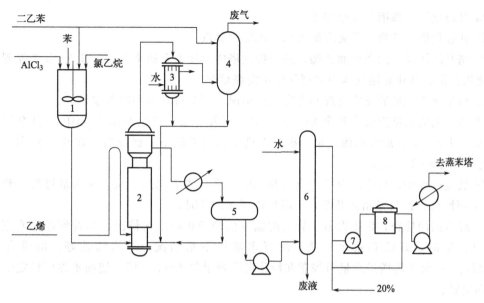

图 4-25 乙苯生产烃化反应流程图
1—催化剂配制槽；2—鼓泡塔反应器；3—冷凝器；4—二乙苯吸收器；5—沉降槽；
6—水洗塔；7—中和泵；8—油碱分离沉降槽

三、任务实施

1. 正常开车

① 原始开车。用一定量的空气对系统进行吹扫，直至干净、干燥并保证无泄漏（吹扫时，先开调节阀旁路阀，再开调节阀，即凡有旁路的，需先开旁路）。

② 全面检查。组织开车人员全面检查本系统工艺设备、仪表、管线、阀门是否正常和安装正确，是否已吹扫，试压后的盲板是否已经拆除，即是否全部处于完善备用状态。

③ 保证制备好 $AlCl_3$ 复合催化剂，准备好苯和碱液，即原材料必须全部准备就绪。

④ 关闭所有入烃化塔阀门（即乙烯阀、苯阀、苯计量槽出口阀、多乙苯转子流量计前后的旁路阀），关各设备排污阀，关去事故槽，关烃化液沉降槽、放废复合体催化剂阀门，关各取样阀，开各安全阀的根部阀，开各设备放空阀，开尾气塔进气阀门，关各泵进出口阀，开各种仪表、调节阀，再进行一次全面检查。

⑤ 与调度联系水、电、气及其他原料。

⑥ 开水解塔、尾气塔进水阀门，开Ⅱ形管出水阀，调节好进水量和出水量，系统稍开烃化冷却、冷凝、进出水阀门。

⑦ 排放苯储槽中积水，分析苯中含水量，要求不超过 $1000\mu L/L$。

⑧ 开启乙烯缓冲罐，用乙烯置换至 $O_2 \leqslant 0.2\%$ 后，使乙烯罐内充乙烯，至 0.3MPa 稳定后，切入压力自调阀。

⑨ 排尽蒸汽管中冷凝水，开蒸汽总阀，使车间总管上有蒸汽。

⑩ 开入烃化塔苯管线上的阀门和苯泵，打开多乙苯转子流量计阀，向塔内打苯和多乙苯，停泵，沉降 2h 左右，从烃化塔底排水。

⑪ 从催化剂计量槽压一定量催化剂进入烃化塔。

⑫ 用中和泵抽新碱液入第一油碱分离器，至分离器 1/2 高度（看液位计）。

⑬ 开烃化塔上部第二节冷却水。

⑭ 往烃化塔下部第一节夹套通入 0.1MPa 的蒸汽。

⑮ 稍开乙烯阀，向塔内通乙烯，按照控制塔内温度上升速率为 30~40℃/h 来控制乙烯入烃化塔流量，并注意尾气压力和尾气塔中洗涤情况。

⑯ 根据通入乙烯后反应情况和夹套加热情况，调节蒸汽量和冷却水量。

⑰ 当烃化塔内反应温度升至 85~90℃ 时，再开苯泵，稳定泵压 0.3MPa，开泵流量计调节苯进料流量，并加大乙烯流量，根据温度情况反复调节，保证温度在 95℃ 左右，并且苯量是乙烯量的 8~10 倍。

⑱ 反应过程中，每小时向塔内压入新 $AlCl_3$ 复合体催化剂一次，压入量可按进苯量的 5%~8% 计（8% 的量是指才开车，沉降槽内还未回流时）。

⑲ 经常巡回检查，根据设备、管道的温度估计烃化塔出料情况，当看到烃化液充满烃化液缓冲罐时，开始观察水解塔，注意水解塔下水情况，下水需清晰，但带有少量 $Al(OH)_3$，一般水解塔进水量可控制在烃化塔进料量的 1~1.3 倍，使油水界面稳定于水解塔中部位置。

⑳ 水解塔正常后，中和泵开始打油水分离沉降槽中碱液，进行循环，然后开烃化液入中和泵阀门，调小入中和泵碱液阀，使烃化液吸入，观察烃化液中间槽中的烃化液液面稳定于 1/4。

㉑ 调节第一油碱分离沉降槽的碱液循环量，使烃化液与碱液分界面在储槽的 1/3 处，烃化液从第一油碱分离沉降槽上部出口溢出入第二油碱分离沉降槽，再从第二油碱分离沉降槽上部入烃化液储槽，储存后供精馏开车使用。碱液仍入中和泵循环使用。

㉒ 中和开车后，可通知精馏岗位做开车准备，通知分析工分析烃化液酸碱度，烃化液酸碱度应在 pH=7~9 之间，并维持第一油碱分离沉降槽界面在 1/3~1/2 处。

2. 停车

(1) 正常停车

① 与调度室联系决定停车后，通知前后工序及其他岗位做停车准备。

② 切断苯泵电源，停止进苯，立即关闭苯入塔阀门，然后再关闭操作室与现场调节阀前后阀门。

③ 与调度联系停送乙烯气，关闭乙烯气入塔阀门，然后关闭其调节阀前后阀门。

④ 继续往水解塔进水，待水解塔内烃化液由上部溢完后停止进水，并由底部排污阀放完塔内存水。

⑤ 停止加入新 $AlCl_3$ 复合体催化剂，关闭催化剂入塔阀门。

⑥ 关闭烃化液冷却器进水阀，并放完存水。

⑦ 停止烃化塔夹套加热，并放完存水。

⑧ 停止尾气洗涤塔进水。

⑨ 乙烯缓冲罐进行放空。

⑩ 在水解塔做好停车步骤的期间，待烃化液中间罐内物料出完后，停烃化液中和泵，关闭进、出口阀门，并关碱液循环阀门。待油碱分离沉降槽内烃化液溢完后，放出油碱分离沉降槽内的碱液。关闭其他所有阀门，停止使用一切仪表，并在停车后进行一次全面复查。

(2) 临时停车

① 临时停车由班长与工段长或车间负责人根据以下情况酌情处理。

a. 冷却水、蒸汽、电中断或生产所需条件的某一条件被破坏。

b. 外车间影响，乙烯气中断，或乙烯不符合要求。

c. 反应温度高于100℃而在1~2h内仍无法调节。

d. 设备管线及阀门发现有严重堵塞或因腐蚀泄漏，经抢救仍无效时。

② 临时停车及停车步骤如下。

a. 参照正常停车①~⑤进行。

b. 放完烃化塔夹套存水。

c. 停车8h以上须对烃化塔内物料继续进行保温。

d. 临时停车后重新开车，参照正常开车相应阶段进行。

(3) 紧急停车

① 工段内或有关工段及车间发生火警、雷击等进行紧急停车。

② 紧急停车，应立即切断进乙烯气及进苯阀门，停止进料。

③ 同时与调度联系，停送原料气。

④ 停进 $AlCl_3$ 复合体催化剂。

⑤ 按临时停车步骤处理。

3. 正常操作

(1) 烃化温度　烃化温度的高低直接影响产品的质量，温度过高时深烃化物量增多，使乙苯选择性下降；温度过低时反应速度减小，乙苯产量下降。通常维持烃化温度在 (95±5)℃的范围内。生产中常采用三种方法来控制反应温度：第一种方法是控制苯进量，由于该烃化反应是放热反应，当反应温度偏高时，可以减小进苯量，反之则增大进苯量；第二种方法是采用向烃化塔外夹套通入水蒸气或冷却水的方法来控制；第三种方法是通过回流烃化液的温度进行调节。

(2) 烃化压力　烃化压力的影响因素主要是在反应温度下苯的挥发度，在一个标准大气压 (1atm) 下，苯的沸点是80℃，而反应温度为 (95±5)℃，因此，必须维持一定的正压，通常反应压力为0.03~0.05MPa（表压）。烃化压力的控制通常采用如下方法：a. 控制苯进料量；b. 控制回流烃化液温度。

(3) 流量控制　鼓泡塔反应器在正常操作时，反应物苯在鼓泡塔中是连续相，乙烯是分散相。通常取苯的流量为乙烯流量的8~11倍，$AlCl_3$ 复合体催化剂加入量为苯流量的4%~5%。

四、异常现象及事故处理

1. 一般异常现象及事故处理方法

一般异常现象及事故处理方法见表4-8。

表4-8　一般异常现象及事故处理方法

序号	异常现象	原因分析判断	操作处理方法
1	反应压力高	①苯中带水； ②尾气管线堵塞； ③苯回收冷凝器断水； ④乙烯进料量过多	①立即停止苯及乙烯进料并将气相放空； ②停车检修； ③检查停水原因再行处理； ④减少乙烯进料量，或增加苯流量

续表

序号	异常现象	原因分析判断	操作处理方法
2	反应温度高	①烃化塔夹套冷却水未开或未开足； ②$AlCl_3$ 复合体催化剂回流温度高； ③苯中带水； ④乙烯进料量过多	①开足夹套冷却水； ②增大烃化液冷却器进水量； ③停止苯进料，放出苯中存水； ④减少乙烯进料量，或增加苯流量
3	反应温度低	①烃化塔夹套冷却水流量过大； ②$AlCl_3$ 复合体催化剂回流温度低； ③$AlCl_3$ 复合体催化剂活性下降，或加水量太少； ④乙烯进料量过少或苯进料量过多	①减少或关闭夹套进水； ②减少烃化液冷却器进水量； ③放出废复合体催化剂，补充新复合体催化剂； ④增加乙烯进料量或减少苯流量
4	烃化塔底部堵塞	①苯中含硫化物或苯中带水； ②乙烯中含硫化物或带炔烃多； ③$AlCl_3$ 催化剂质量不好； ④排放废 $AlCl_3$ 催化剂量太少	①、②由烃化塔底部放出堵塞物或由复合体催化剂沉降槽底部排出废复合体催化剂； ③退回仓库； ④增加排放废 $AlCl_3$ 催化剂量
5	冷却、冷凝器下水 pH< 7	设备防腐蚀衬里破裂或已蚀穿，腐蚀严重	停止进水，放出存水，情况不严重者可继续开车
6	烃化塔底部阀门严重泄漏	腐蚀严重	停车调换阀门，紧急时可将塔内物料放入事故储槽
7	第一油碱分离沉降槽物料由放空管跑出	中和泵进碱液量太大	关放空阀门，适当减少进碱液量

2. 其他事故处理

① 水、电、气、原料乙烯和苯中断，可按临时停车处理。

② 火警事故处理

a. 车间内发生火警，由岗位人员、班长、工段长及车间负责人根据火警情况决定处理。

b. 工段内发生火警，进行紧急停车，同时报警进行灭火。

c. 造气车间及与本工段有关联的单位发生火警或其他事故时，应立即与调度联系决定处理意见。

d. 工段内有严重雷击或大台风，不能维持生产，进行紧急停车。

e. $AlCl_3$ 计量槽液面管破裂，有条件时立即关闭液面管上下阀门开关，并立即开 $AlCl_3$ 溶液出料阀；关乙烯进气阀、开放空阀，出完料后进行修理。

任务三　维护与保养塔式反应器

学习目标

知识目标

1. 熟悉鼓泡塔反应器和填料塔反应器在操作过程中常见的事故。

2. 熟悉鼓泡塔反应器和填料塔反应器事故处理的方法。

能力目标

1. 能判断鼓泡塔反应器和填料塔反应器操作过程中的事故原因。
2. 面对突发的事故能用正确的方法及时处理。

素质目标

1. 增强团队协作能力。
2. 培养良好的职业素养。

任务介绍

鼓泡塔和填料塔是工业上最常见而且应用最广泛的塔式反应器。鼓泡塔反应器常见故障有塔体出现变形、塔体出现裂缝、塔板越过稳定操作区等，而填料塔反应器常见故障有工作表面结垢、连接处不能正常密封、塔体厚度减薄、塔体出现裂缝等。本任务主要介绍了鼓泡塔和填料塔一些常见的故障、故障产生的原因及处理方法。

任务分析

在本次任务中，通过查阅相关资料，参加小组讨论交流、教师引导等活动，能总结反应器操作过程中常见的故障和维护要点。并根据事故现象判断事故发生的原因并及时处理事故。

相关知识点

知识点一　鼓泡塔反应器常见故障及处理方法

鼓泡塔反应器常见故障及处理方法见表 4-9。

表 4-9　鼓泡塔反应器常见故障及处理方法

序号	故障现象	故障原因	处理方法
1	塔体出现变形	①塔局部腐蚀或过热使材料强度降低，引起设备变形； ②开孔无补强或焊缝处的应力集中，使材料的内应力超过屈服点而发生塑性变形； ③受外压设备，当工作压力超过临界工作压力时，设备失稳而变形	①防止局部腐蚀产生； ②矫正变形或切割下严重变形处，焊上补板； ③稳定正常操作
2	塔体出现裂缝	①局部变形加剧； ②焊接的内应力； ③封头过渡圆弧弯曲半径太小或未经返火便弯曲； ④水力冲击作用； ⑤结构材料缺陷； ⑥振动与温差的影响	裂缝修理

续表

序号	故障现象	故障原因	处理方法
3	塔板越过稳定操作区	①气相负荷减小或增大,液相负荷减小; ②塔板水平度不够	①控制气相、液相流量,调整降液管、出入口堰高度; ②调整塔板水平度
4	鼓泡元件脱落和被腐蚀掉	①安装不牢; ②操作条件破坏; ③泡罩材料不耐腐蚀	①重新调整; ②改善操作,加强管理; ③选择耐蚀材料,更换泡罩

知识点二 填料塔反应器常见故障及处理方法

填料塔反应器常见故障及处理方法见表 4-10。

表 4-10 填料塔反应器常见故障及处理方法

序号	故障现象	故障原因	处理方法
1	工作表面结垢	①被处理物料中含有机械杂质（如泥、砂等）; ②被处理物料中有结晶析出; ③硬水所产生的水垢; ④设备结构材料被腐蚀而产生的腐蚀产物	①加强管理,考虑增加过滤设备; ②、③清除结晶、水垢和腐蚀产物; ④采取防腐蚀措施
2	连接处不能正常密封	①法兰连接螺栓没有拧紧; ②螺栓拧得过紧而产生塑性变形; ③由于设备在工作中发生振动,引起螺栓松动; ④密封垫圈产生疲劳破坏（失去弹性）; ⑤垫圈受介质腐蚀而破坏; ⑥法兰面上的衬里不平; ⑦焊接法兰翘起	①拧紧松动螺栓; ②更换变形螺栓; ③消除振动,拧紧松动螺栓; ④更换受损垫圈; ⑤更换耐腐蚀垫圈; ⑥加工不平的法兰; ⑦更换新法兰
3	塔体厚度减薄	设备在操作中,受到介质的腐蚀、冲蚀和摩擦	减压使用;或修理腐蚀严重部分;或设备报废
4	塔体局部变形	①塔局部腐蚀或过热使材料强度降低,而引起设备变形; ②开孔无补强或焊缝处的应力集中,使材料的内应力超过屈服点而发生塑性变形; ③受外压设备,当工作压力超过临界工作压力时,设备失稳而变形	①防止局部腐蚀产生; ②矫正变形或切割下严重变形处,焊上补板; ③稳定正常操作
5	塔体出现裂缝	①局部变形加剧; ②焊接的内应力; ③封头过渡圆弧弯曲半径太小或未经退火便弯曲; ④水力冲击作用; ⑤结构材料缺陷; ⑥振动与温差的影响; ⑦应力腐蚀	裂缝修理

> 知识拓展

反应器设计要点

设计反应器时，应首先对反应做全面的、较深刻的了解。比如反应的动力学方程或反应的动力学因素、温度、浓度、停留时间和粒度、纯度、压力等对反应的影响，催化剂的寿命、失活周期和催化剂失活的原因、催化剂的耐磨性以及回收再生的方案、原料中杂质的影响、副反应产生的条件、副反应的种类、反应特点、反应或产物有无爆炸危险、爆炸极限如何、反应物和产物的物性、反应热效应、反应器传热面积和对反应温度的分布要求、多相反应时各相的分散特征、气固相反应时粒子的回床和回收以及开车的装置、停车的装置、操作控制方法等，尽可能掌握和熟悉反应的特性，方可在考虑问题时能够瞻前顾后，不至于顾此失彼。

在反应器设计时，除了通常说的要符合"合理、先进、安全、经济"的原则外，在落实到具体问题时，还要考虑下列设计要点。

1. **保证物料转化率和反应时间**

这是反应器工艺设计的关键条件，物料反应的转化率影响因素有动力学因素，也有控制因素，一般在工艺物料衡算时，已研究确定。设计者常常根据反应特点、生产实践和中试及工厂数据，确定一个转化率的经验值，而反应的充分和必要时间也是由研究和经验所确定的。设计人员根据物料的转化率和必要的反应时间，可以在选择反应器型式时，作为重要依据，选型以后，可依据这些数据计算反应器的有效容积和确定长径比例及其他基本尺寸，决定设备的台件数。

2. **满足物料和反应的热传递要求**

化学反应往往都有热效应，有些反应要及时移出反应热，有些反应要保证加热的量，因此在设计反应器时，一个重要的问题是要保证有足够的传热面积，并有一套能适应所设计传热方式的有关装置。此外，在设计反应器时还要有温度测定控制的一套系统。

3. **设计适当的搅拌器和类似作用的机构**

物料在反应器内接触应当满足工艺规定的要求，使物料在湍流状态下，有利于传热、传质过程的实现。对于釜式反应器来说，往往依靠搅拌器来实现物料流动和接触的要求，对于管式反应器来说，往往有外加动力调节物料的流量和流速。搅拌器的形式很多，在设计反应釜时，应当作为一个重要的环节来对待。

4. **注意材质选用和机械加工要求**

反应釜的材质通常都是根据工艺介质的反应和化学性能要求选用，如反应物料和产物有腐蚀性，或在反应产物中防止铁离子渗入，或要求无锈、十分洁净，或要考虑反应器在清洗时可能碰到腐蚀性介质等。此外，选择材质与反应器的反应温度有关，与反应粒子的摩擦程度、磨损消耗等因素有关。不锈钢、耐热锅炉钢、低合金钢和一些特种钢是常用的制造反应器的材料。为了防腐和洁净，可选用搪玻璃衬里等材料，有时为了适应反应的金属催化剂，可以选用含这种物质（金属、过渡金属）的材料作反应器，可收到一举两得之功。材料的选择与反应器加热方法也有一定关系，如有些材料不适用于烟道气加热，有些材料不适合于电感应加热，有些材料不宜经受冷热冲击等，都要仔细认真地加以考虑。

巩固与提升

一、选择题

1. 化学反应器中,填料塔适用于(　　)。
   A. 液相、气液相　　B. 气液固相　　C. 气固相　　D. 液固相
2. 鼓泡塔反应器按其结构分为空心式、多段式、气体提升式和液体喷射式,广泛使用的是(　　)。
   A. 空心式　　B. 多段式　　C. 气体提升式　　D. 液体喷射式
3. 膜式塔反应器中,气相为(　　),液相为(　　)。
   A. 分散相　连续相　　　　　　B. 连续相　分散相
   C. 分散相　分散相　　　　　　D. 连续相　连续相
4. 塔式反应器的操作方式有(　　)和(　　)两种。
   A. 连续式　间歇式　　　　　　B. 连续式　半连续式
   C. 间歇式　半连续式　　　　　D. 间歇式　半间歇式
5. 气体以气泡形式分散在液相中的塔式反应器为(　　)和(　　)反应器。
   A. 填料塔　喷淋塔　　　　　　B. 板式塔　膜式塔
   C. 板式塔　鼓泡塔　　　　　　D. 喷淋塔　鼓泡塔

二、思考题

1. 气液相反应的特点有哪些?
2. 气液相反应过程包括哪些步骤?
3. 常见塔式反应器有哪些?各有什么特点?
4. 简述鼓泡塔反应器的结构及操作特点。
5. 填料塔的基本结构有哪些?
6. 鼓泡塔的流动状态可划分为哪三种?各有什么特点?
7. 常见填料的类型有哪些?各有什么特点?
8. 鼓泡塔反应器在操作时有哪些不正常现象?这些现象产生的原因有哪些?怎样处理?
9. 填料塔反应器在操作时有哪些不正常现象?可能的原因有哪些?怎样处理?
10. 分别论述鼓泡塔和填料塔在化工生产应用中的优缺点。

项目五　固定床反应器

项目介绍

在非均相反应尤其在大规模气固反应过程中常用到固定床反应器,例如,石油炼制工业的裂化、重整、异构化、加氢精制,无机化学工业中的合成氨、天然气转化等生产过程。通过本项目的学习,认识固定床反应器的基本结构、种类,总结其特点及应用场合。能在仿真系统中操作和控制固定床反应器,能通过异常现象判定事故的类型,并用正确的方法及时处理事故。

任务一　认识固定床反应器

学习目标

知识目标
1. 认识固定床反应器,描述其外观,总结其特点。
2. 用不同的方法将固定床反应器分类。
3. 区别不同类型的固定床反应器并总结其应用场合。
4. 认识催化剂,描述催化剂的组成。
5. 说明催化剂的一些重要指标的含义。
6. 描述气固相催化反应过程经历的一般步骤。

能力目标
1. 能绘制不同种类固定床反应器的思维导图。
2. 在实际生产中,能根据不同种类的固定床反应器的特点,选择合适的反应器。

素质目标
1. 具备较强的沟通能力、小组协作能力。
2. 培养良好的语言表达和文字表达能力。

任务介绍

固定床反应器之所以应用广泛主要是因为其独特的结构。认识不同种类的固定床反应器,说明其特点及应用场合。根据实际的生产过程能正确选择不同类型的固定床反应器。

> **任务分析**
>
> 在本次任务中，通过查找相关书籍、网络资源，参加小组讨论交流、教师引导等活动，能总结固定床反应器的结构、特点及应用场合。根据生产任务要求选择合适的固定床反应器。

> **相关知识点**

知识点一　固定床反应器介绍

固定床反应器又称填充床反应器，外形为一圆筒体（如图5-1所示），高径比介于釜式反应器与塔式反应器之间，在该反应器内部装填有固体催化剂或固体反应物用以实现固定床反应器多相反应过程的一种反应器。固体物通常呈颗粒状（或网状、蜂窝状、纤维状），粒径2～5mm，堆积成一定高度（或厚度）的床层。床层静止不动，流体通过床层进行反应。它与流化床反应器及移动床反应器的区别在于固体颗粒处于静止状态。固定床反应器主要用气固相催化反应，如氨合成塔、二氧化硫接触氧化器、烃类蒸汽转化炉等。用于气固相或液固相非催化反应时，床层则填装固体反应物。涓流床反应器也可归属于固定床反应器，气、液相并流向下通过床层，呈气液固相接触。

图5-1　固定床反应器

知识点二　固定床反应器的特点

固定床催化反应器无论塔式还是管式均垂直设置，气体由顶部进入，流动方向与重力方向一致，这样可以防止气流冲动床层，造成催化剂分布不均和催化剂的磨损带出，同时有利于反应器中可能形成的液态物质的排出。固定床反应器的优点：①返混小，流体同催化剂可进行有效接触，当反应伴有串联副反应时，目标产物可得较高选择性；②催化剂机械损耗小；③结构简单。

固定床反应器的缺点：①固定床中传热较差，催化剂载体又往往是导热不良物质，而化学反应常伴有热效应，反应速率对温度的敏感性强。反应放热量很大时，即使是列管式反应器也可能出现飞温（反应温度失去控制，急剧上升，超过允许范围）。因此，对于热效应大的反应过程，传热与控温问题是固定床技术中的难点和关键所在。②操作过程中催化剂不能更换，如果需要更换催化剂则必须停止生产，这在经济上将受到相当大的影响，而且更换时，劳动强度大，粉尘量大，催化剂需要频繁再生的反应一般不宜使用，常代之以流化床反应器或移动床反应器。因此，固定床反应器要求催化剂必须有足够长的使用寿命。

固定床反应器虽然有缺点，但可通过改进结构和操作而加以克服，其优点是主要的，因此在化学工业中得到了广泛的应用。例如，石油炼制工业的裂化、重整、异构化、加氢精制，无机化学工业中的合成氨、天然气转化，有机化学工业中的乙烯氧化制环氧乙烷、乙烯水合制乙醇、乙苯脱氢制苯乙烯、苯加氢制环己烷等生产中都用到固定床反应器。

知识点三　固定床反应器的结构及分类

固定床反应器是工业生产中最重要的一类反应器，广泛用于气固和液固相催化反应。随着化工生产的发展，已出现多种固定床反应器的结构形式，以适应不同的传热要求和传热形式。

固定床反应器基本单元组合见图 5-2，若按反应器内换热装置的布置方式，可分为绝热式和换热式两大类，以适应不同的传热要求和传热方式。不同类型的固定床反应器气体一般都是沿轴向从催化剂层上向下流动，在结构上都包括圆柱状的外壳、气体分布装置、催化剂支承装置等，其中外壳上还设有人孔、膨胀节、接口管、催化剂卸出口等，区别在于其他内部的构件不同。下面对各种固定床反应器的形式作简单介绍。

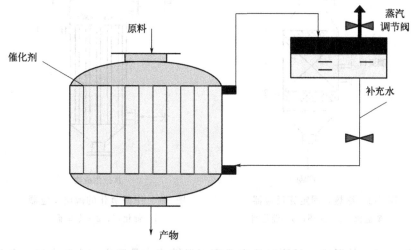

图 5-2　固定床反应器基本单元组合

一、绝热式固定床反应器

绝热式固定床反应器（图 5-3）在反应过程中，床层不与外界进行热量交换，其最外层的隔热材料层（耐火砖、矿渣棉、玻璃纤维等）常被称为保温层，其作用为防止热量的传出或传入，减少能量损失，维持一定的操作条件并起到安全防护的作用。如果反应器绝热措施良好，无热量损失，对于可逆放热反应，依靠本身放出的反应热可使反应气体温度逐步升高；固定床入口气体温度高于催化剂的起始活性温度，而出口气体温度低于催化剂的耐热温度。

绝热式固定床反应器按催化剂装填的段数不同，可分为单段绝热式固定床反应器和多段绝热式固定床反应器。所谓单段绝热式固定床反应器是指反应物料只穿过催化剂床层一次。而多段绝热式固定床反应器有多个连续排列的催化剂床层，反应物料逐个穿过催化剂床层进行绝热反应，床层间反应物料可以与换热介质进行换热以满足反应条件的要求，在多段绝热式固定床反应器中每反应一次称为一段。多段反应器可以是多个反应器的串联，也可以是数段合并在一起组成一个多段反应器。

1. 单段绝热式固定床反应器

单段绝热式固定床反应器一般为高径比不大的圆筒体，反应器内部无换热构件，只在圆筒体下部装有栅板等构件（支承板），在支承板上面均匀堆置催化剂。

反应气体预热到适当温度，从圆筒体上部通入，经过气体预分布装置，均匀通过床层进行反应，反应后气体经下部引出。绝热式反应器的优点是结构简单、造价便宜、反应器内体积得到充分利用。单段绝热式固定床反应器的缺点是反应过程中温度变化较大,当反应热效应较大而反应速率较慢时,绝热升温必将使反应器内温度的变化超出允许范围。一般单段绝热式固定床反应器只适用于热效应较小,反应温度允许波动范围较宽,单程转化率较低的场合。如乙苯脱氢制苯乙烯、甲醇氧化制甲醛(如图5-4所示),工业上采用单段绝热式反应器。

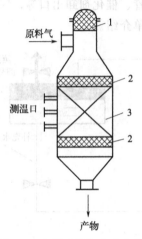 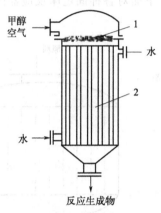

图 5-3 绝热式固定床反应器　　　　图 5-4 甲醇氧化的薄层反应器
1—矿渣棉;2—瓷环;3—催化剂　　　　1—催化剂;2—冷却器

对于热效应较大的反应,只要对反应温度不很敏感或是反应速率非常快,有时也使用这种类型的反应器。例如甲醇在银或铜的催化剂上用空气氧化制甲醛时,虽然反应热很大,但因反应速率很快,则只用一薄薄的催化剂床层即可。此薄层为绝热床层,下段为一列管式换热器。反应物预热到383K,反应后升温到873～923K,就立即在很高的混合气体线速度下进入冷却器,防止甲醛进一步氧化或分解。

2. 多段式绝热固定床反应器

为了弥补单段绝热式固定床反应器的不足,当反应热效应比较大、最终转化率要求比较高,采用单段绝热式固定床反应器会使出口温度过高(或过低)、超过允许范围时,可采用多段绝热式固定床反应器。如图5-5所示,多段绝热式固定床反应器由多个绝热床所组成。在多段绝热式固定床反应器内,催化剂装成多段,反应原料气从上到下依次通过各段进行反应,并在段间进行换热,反应后的产物从底部离开,段数一般不超过四。该反应器每段催化剂层上下温差小,但体积利用率低,适用于反应热效应大和催化剂允许温度波动范围窄等场合。

多段绝热反应器中,反应气体通过第一段绝热床反应至一定的温度和转化率时,将反应气体冷却至远离平衡温度曲线的状态,再进行下一段的绝热反应。反应和加热(或冷却)过程间隔进行。根据段间反应气体的冷却或加热方式,其又分为中间换热式和冷激式两种。中间换热式是用热交换器使冷、热流体通过管壁进行热交换,而冷激式则是用冷流体直接与上一段出口气体混合,以降低反应温度。图5-5为多段绝热反应器的示意图:图5-5中(a)、(b)、(c)为中间换热式,中间换热式是在段间装有换热器,利用换热介质将上一段的反应气冷却和加热,特点是催化剂床层的温度波动小,缺点是结构较复杂,催化剂装卸较困难,适用于放热反应,二氧化硫氧化、乙苯脱氢过程等常用中间换热式。(d)、(e)为冷激式,

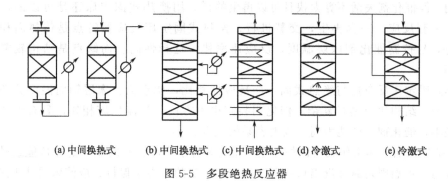

(a) 中间换热式　(b) 中间换热式　(c) 中间换热式　(d) 冷激式　(e) 冷激式

图 5-5　多段绝热反应器

冷激式是直接换热式反应器，反应器结构简单，便于装卸催化剂，催化剂床层的温度波动小，用于放热反应系统，它是将低温的冷激气直接喷到需要冷却气体中，达到冷却降温的目的。冷激用的冷流体如果是尚未反应的原料气称为原料气冷激，如图 5-5（d）所示高压下操作的反应器。

总之，绝热式固定床反应器的应用非常广泛，特别是大型的、高温的或高压的反应器，希望结构简单，同样大小的装置内能容纳尽可能多的催化剂以增加生产能力，而绝热床正好能符合这种要求。不过绝热床的温度变化总是比较大的，而温度对反应结果的影响也是举足轻重的，因此如何取舍，要综合分析并要结合实际情况来决定。

二、换热式固定床反应器

当反应热效应较大时，为了维持适宜的温度条件，必须利用换热介质来移走或供给热量，按换热介质不同，可分为对外换热式固定床反应器和自热式固定床反应器。

1. 对外换热式固定床反应器

以各种载热体为换热介质的对外换热式反应器多为列管式结构，如图 5-6 所示，类似于列管式换热器，因此也称为列管式固定床反应器。催化剂装填在管内，原料气大多从顶部流入催化剂床层，从底部流出，载热体则在管间流动，其流向可以呈逆流，也可以呈并流，应根据不同反应的具体要求来选择。管间通过换热介质（或载流体）以移出或供给管内反应所需热量。载流体应性质稳定、无腐蚀、热熔大、廉价等，可根据反应操作温度范围及热效应大小选择，常用的载热体及使用温度范围为：一般反应温度在 240℃ 以下宜采用加压热水作载热体；反应温度在 250～350℃ 可采用挥发性低的导热油或导生液作载热体；反应温度在 350～400℃ 的则需用无机熔盐作载热体，如 KNO_3 53%、$NaNO_3$ 7%、$NaNO_2$ 40% 的混合物；对于 600～700℃ 的高温反应，只能用烟道气作为载热体。

载热体在壳程的流动循环方式有沸腾式、外加循环泵的强制循环式和内部循环式等几种形式。反应器直径都比较小，多为 20～35mm，是为了减少催化剂床层径向温度差，使单位床层体积具有较大的传热面积。

换热式固定床反应器可用于放热反应，也可用于吸热反应。当催化剂失活很快，需频繁再生或更换时，固定床反应

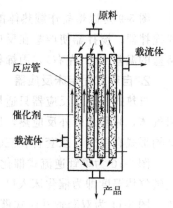

图 5-6　列管式固定床反应器

器不适用。但催化剂失活不算太快且可以再生的话，用换热式固定床还是可以的，但需两套装置，一套反应，一套再生，交替进行。换热式固定床反应器特点是传热面积大，传热效果好，易控制催化剂床层温度，反应速率快，选择性高。而缺点是结构较复杂，设备费用高。

换热式固定床反应器与绝热式固定床反应器相比，优点为：床层轴向温度分布比较均匀；缺点为：结构比绝热式复杂，催化剂装卸也不方便。与流化床相比，具有催化剂磨损小，返混小，催化剂生产能力高，放大容易的优点。

图5-7是以加压热水作载热体的固定床反应装置示意图，水的循环是靠位能或外加循环泵来实现的，水温则是靠蒸汽出口的调节阀控制一定的压力来保持，应使床层处于热水或沸腾水的条件下进行换热，如果不适当调节压力，可能使水很快全部汽化，床层外面成为气体换热而使传热效率降低。乙烯气相氧化制醋酸乙烯、乙炔与氯化氢合成氯乙烯、乙烯氧化制环氧乙烷等都可采用这样的反应装置。

图5-8是以联苯道生油作载热体的固定床反应装置示意图，用有机载热体带走反应热的反应装置。反应器外设置载热体冷却器，利用载热体移出的反应热副产中压蒸汽。

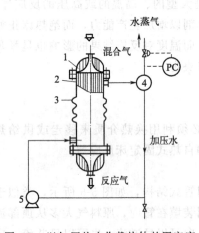
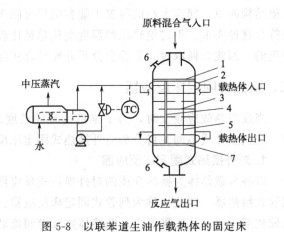

图5-7 以加压热水作载热体的固定床反应装置示意图
1—列管上花板；2—反应列管；3—膨胀圈；4—汽水分离器；5—加压热水泵

图5-8 以联苯道生油作载热体的固定床反应装置示意图
1—列管上花板；2、3—折流板；4—反应列管；5—折流板固定棒；6—人孔；7—列管下花板；8—载热体冷却器

图5-9是以熔盐作载热体的反应装置示意图，在反应器的中心设置载热体冷却器和推进式搅拌器，搅拌器使熔盐在反应区域和冷却区域间不断进行强制循环，减小反应器上下部分熔盐的温差（4℃左右），丙烯氨氧化制备丙烯腈、萘氧化制苯酐可采用这样的装置。

2. 自热式固定床反应器

自热式固定床反应器只适用于放热反应。催化剂层内设有冷管，管内通过需要预热的原料气体，并移走管外反应热，原料气被预热后，离开冷管进入催化剂床层进行反应。冷管的结构形式有单管、双套管和三套管三种。

图5-10为单管逆流式催化床，冷管内冷气体自下而上流动时，温度一直在升高，冷管上端气体温度即为催化床入口气体温度，无绝热段。

图5-11为双套管并流式催化床，冷管是同心的双重套管，冷气体经催化床外换热器加热后，经冷管内管向上，再经内、外冷管间环隙向下，预热至所需催化床进口温度后，经分

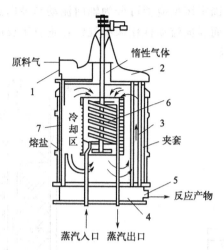

图 5-9　以熔盐为载热体的反应装置示意图
1—原料气进口；2—上头盖；3—催化剂列管；4—下头盖；5—反应气出口；
6—搅拌器；7—笼式冷却器

气盒及中心管翻向催化床顶端，经中心管时，气体温度略有升高。气体经催化床顶部绝热段，进入冷却段，被冷管环隙中气体所冷却，而环隙中气体又被内冷管内的气体所冷却。

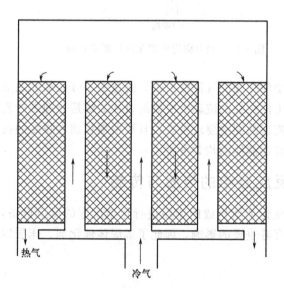

图 5-10　单管逆流式催化床装置示意图

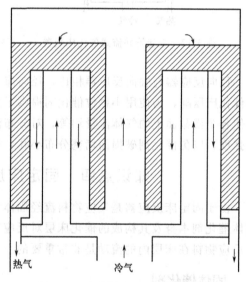

图 5-11　双套管并流式催化床装置

图 5-12 是三套管并流式催化床，三套管并流式催化床是双套管式催化床的冷管内加一内衬管改为三套管的，由于催化床内温度分布比较合理，空时收率有所提高，但催化床的压力降也有所增加。其特点是反应床层中温度接近最佳温度曲线、反应过程中热量自给，缺点是结构复杂、造价高、催化剂装载系数较大，只适用于较易维持一定温度分布的、热效应不大的放热反应。

3. 其他形式固定床反应器

气固相固定床反应器除以上几种主要形式外，近年来又发展了径向反应器。按照反应气体在催化床中的流动方向，固定床反应器可分为轴向流动与径向流动。轴向流动反应器中气体流向与反应器的轴平行，而径向流动催化床中气体在垂直于反应器轴的各个横截面上沿半径方向流动，如图5-13所示。

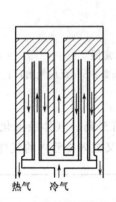

图 5-12　三套管并流式催化床装置

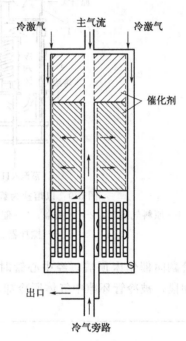

图 5-13　径向固定床催化反应器示意图

径向反应器与轴向反应器相比，径向流动催化床的气体流道短，流速低，可大幅度地降低催化床压降，为使用小颗粒催化剂提供了条件。径向流动反应器的设计关键是合理设计流道使各个横截面上的气体流量均等，对分布流道的制造要求较高，且要求催化剂有较高的机械强度，以免催化剂破损而堵塞分布小孔，破坏流体的均匀分布。

知识点四　固定床反应器中的传质与传热

由于固定床反应器是反应物料流经固体催化剂所构成的床层进行化学反应的反应设备，固体催化剂本身及其构成的催化床层对反应有着重要的影响，因此了解固体催化剂、床层以及反应物料在床层内的流动是非常重要的。

一、固体催化剂

固体催化剂是具有不同形状（如球形、柱状或无定形等）的多孔性颗粒，在使用条件下不发生液化、汽化或升华。绝大多数固体催化剂主要包括主催化剂、助催化剂和载体三个部分。

主催化剂是催化剂不可或缺的成分，其单独存在时具有显著的催化活性，也称活性组分。例如，合成醋酸乙烯酯时所用催化剂的活性组分，乙炔法为醋酸锌，乙烯法是金属钯；加氢催化剂的活性组分为金属镍；邻二甲苯氧化生产苯酐催化剂的活性组分为五氧化二钒。主催化剂通常由一种或几种物质组成，如 Pd、Ni、V_2O_5、MoO_3-Bi_2O_3 等。

助催化剂是催化剂的辅助成分，本身没有活性，但是可以改变主催化剂的物理结构和化合形态，因此可以改善催化剂的性能。如在醋酸锌中添加少量的醋酸铋，可提高醋酸乙烯酯生产的选择性；乙烯法合成醋酸乙烯酯催化剂的活性组分是金属钯，若不添加醋酸钾，其活性较低，如果添加一定量的醋酸钾，可显著提高催化剂的活性。助催化剂可以是单质，也可以是化合物。

载体是分散、承载、黏合或支持催化剂组分的物质，其种类很多，如刚玉、浮石、硅胶、活性炭、氧化铝等具有高比表面积的固体物质。

主催化剂和助催化剂需经过特殊的理化加工，制成有效催化剂组分，然后通过浸渍、沉淀、混捏等工艺制成固体催化剂。一种良好的催化剂不仅能有选择地催化所要求的反应，同时还必须具有一定的机械强度；有适当的形状，以使流体阻力减小并能均匀通过，在长期使用后，仍能保持其活性和力学性能，即必须具备较高活性、高稳定性及长寿命这三个条件。

二、固体催化剂的特性及催化床层的一些重要指标

1. 固体催化剂的特性

催化剂颗粒可为各种形状，工业上常用的催化剂，除无定形粒状外，还有圆柱形、球形、条形、蜂窝形、内外齿轮形、三叶形及微粒形、菊花形等，如图5-14所示。

(a) 颗粒状催化剂

(b) 网状催化剂

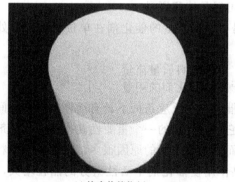
(c) 蜂窝状催化剂

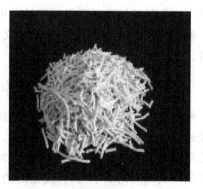
(d) 纤维状催化剂

图 5-14　各种固体催化剂

催化剂的粒径大小，球形颗粒可以方便地用直径表示；对于非球形颗粒，习惯上常用与球形颗粒对比的相当直径表示，用形状系数表示其与圆球形的差异程度，通常有三种相当直径：体积相当直径、面积相当直径、比表面相当直径。

2. 催化床层的一些重要指标

(1) 转化率　用转化率表示催化剂的活性,是在一定反应时间、反应温度和反应物料配比的条件下进行比较,转化率越高则催化剂活性较高,转化率越低则催化剂活性低。

$$转化率 = \frac{参加反应的反应物料量}{输入系统的反应物料量} \times 100\% \tag{5-1}$$

如有反应：$aA + bB \longrightarrow cC + dD$

对反应物 A 而言,其转化率 X_A 的数学表达式为：

$$X_A = \frac{N_{A0} - N_A}{N_{A0}} \times 100\% \tag{5-2}$$

式中　N_{A0}——输入系统的反应物 A 的量,mol；

N_A——反应后离开系统的反应物 A 的量,mol。

(2) 选择性　催化剂的选择性是指催化剂促使反应向所要求的方向进行而得到目的产物的能力。它是催化剂的又一个重要的指标。催化剂具有特殊的选择性,说明不同类型的化学反应需要不同的催化剂。

$$选择性 = \frac{目的产品实际产量}{以参加的某种原料计目的产品理论产量} \times 100\% \tag{5-3}$$

$$= \frac{生成目的产品的某种原料量}{参加反应的某种原料量} \times 100\%$$

(3) 空速(S_V)　单位体积的催化剂在单位时间内所通过的原料标准体积流量,称为空间速率,简称空速,即

$$空速(S_V) = \frac{原料气标准体积流量}{催化剂堆体积} \tag{5-4}$$

(4) 催化剂空时收率(S_W)　催化剂空时收率定义为单位质量（或体积）的催化剂在单位时间内所获得的目的产物量,即

$$催化剂空时收率(S_W) = \frac{目的产物量}{催化剂用量 \times 反应时间} \tag{5-5}$$

式中,催化剂用量可以是质量用量,也可以是体积用量。

(5) 催化剂负荷 S_G　催化剂负荷定义是:单位质量的催化剂在单位时间内所处理的某一原料量,即

$$催化剂负荷(S_G) = \frac{原料质量流量}{催化剂的用量} \tag{5-6}$$

(6) 使用寿命　催化剂的使用寿命是指催化剂在反应条件下具有活性的使用时间,或活性下降经过再生而又恢复的累积使用时间。它是催化剂的一个重要性能指标。催化剂寿命越长,其使用价值越高。引起催化剂效率衰减而缩短其寿命的原因很多,主要有：原料中杂质的毒化作用（又叫催化剂中毒）；高温时的热作用使催化剂中活性组分的晶粒增大,从而导致比表面积减少,或者引起催化剂变质；反应原料中的尘埃或反应过程中生成的碳沉积物覆盖了催化剂表面（黑色颗粒为镍,丝状物为碳沉积物）；催化剂中的有效成分在反应过程中流失；强烈的热冲击或压力起伏使催化剂颗粒破碎；反应物流体的冲刷使催化剂粉化流失等。如何延长催化剂的寿命呢？一般就是防止催化剂中毒,减少能和催化剂反应的杂质,固态催化剂注意使用一段时间后清除表面附着物。同时,通过控制温度和接触时间减少积碳概率,降低毒化剂的含量,调节分散性避免烧结,另外还要考虑使用环境下的机械压力问题。

(7) 机械强度和稳定性　在化工生产中，大多数催化反应都采用连续操作流程。反应时有大量原料气通过催化剂层，有时还要在加压下运转。催化剂定期更换、装卸和使用时都要承受碰撞和摩擦作用。催化剂的机械强度和稳定性要求很高，是评价催化剂质量的重要指标。

影响催化剂机械强度的因素很多，主要有催化剂的化学组成、物理结构、制备成型方法及使用条件等。

在工业生产过程中，固定床反应器一般都在较高流速下操作。因此，主流体与催化剂外表面之间的压差很小，一般可以忽略不计，因此外扩散的影响也可以忽略。

由于催化剂颗粒内部微孔的不规则性和扩散性要受到孔壁等因素影响，使催化剂微孔内扩散过程十分复杂。采用催化剂有效系数 η 对此进行定量的说明。

$$\eta = \frac{\text{实际催化反应速率}}{\text{催化剂内表面与外表面温度、浓度相同时的反应速率}} = \frac{r_p}{r_s}$$

当 $\eta \approx 1$ 时，反应过程为动力学控制，当 $\eta < 1$ 时，反应过程为内扩散控制。内扩散不仅影响反应速率，而且影响复杂反应的选择性。

固定床反应器内常用的是直径在 3～5mm 的大颗粒催化剂，一般很难消除内扩散的影响。实际生产中采用的催化剂，其有效系数为 0.01～1。因而工业生产上必须充分估计内扩散的影响，采取措施尽可能减少其影响。

工业上改善内扩散影响常采用的措施有三个：一是选用工业上适宜的催化剂颗粒尺寸，尽量采用细颗粒催化剂（可以考虑改用径向反应器或流化床反应器）；二是改变催化剂结构，采用双口结构的催化剂，即内部既存在粉末中的微孔又存在粉末间的大孔，其特点是粒度大，压降小，内表面积大，内扩散阻力小；三是选用把活性组分浸渍或喷涂在颗粒外层的表面薄层催化剂等。

三、固定床反应器内的流体流动

催化反应进行时，经常同时发生传热及传质过程，而流体的流动直接影响床层的传质、传热，最终将影响反应过程。因此，必须了解反应器内流体流动的特征。

1. 床层孔隙率及径向流速分布

孔隙率是催化剂床层的重要特性之一，它对流体通过床层的压力降、床层的有效热导率及比表面积都有重大的影响。

孔隙率是催化剂床层的空隙体积与催化剂床层总体积之比，可用下式进行计算。

$$\varepsilon = 1 - \frac{\rho_B}{\rho_S}$$

式中　ε——床层孔隙率；

ρ_B——催化剂床层堆积密度，即单位体积催化剂床层具有的质量，kg/m^3；

ρ_S——催化剂的表观密度，即单位体积催化剂颗粒具有的质量，kg/m^3。

床层孔隙率 ε 的大小与下列因素有关：颗粒形状、颗粒的粒度分布、颗粒表面的粗糙度、充填方式、颗粒直径与容器直径之比等。

紧密填充固定床的床层孔隙率 ε 低于疏松填充固定床的床层孔隙率，反应器中充填催化剂时应以适当方式加以振动压紧，床层的压力降虽较大，但填装的催化剂较多。固定床中同一截面上的孔隙率也是不均匀的，近壁处孔隙率较大，而中心处孔隙率较小，近壁处 0～1

倍颗粒直径处，局部床层孔隙率变化较大。由于床层径向孔隙率分布不均，因此固定床中存在流速的不均匀分布，以近壁 0~1 倍颗粒直径处变化最大。器壁对孔隙率分布的这种影响及由此造成的对流动、传热和传质的影响，称为壁效应。一般工程上认为当 d_t/d_p（管径/催化剂颗粒直径）达 8 时，可不计壁效应，故工业上通常要求 $d_t \geqslant 8 d_p$。

管式催化床内直径一般为 25~40mm，而催化剂颗粒直径一般为 5~8mm，即管径与催化剂颗粒直径比 d_t/d_p 相当小，此时壁效应对床层中径向孔隙率分布和径向流速分布及催化反应性能的影响必须考虑。

2. 流体在固定床中流动的特性

流体在固定床中的流动情况较在空管中的流动要复杂得多。固定床中流体是在颗粒间的空隙中流动，颗粒间空隙形成的孔道是弯曲的、相互交错的，孔道数和孔道截面沿流向也在不断改变。孔隙率是孔道特性的一个主要反映。如前所述，在床层径向，孔隙率分布的不均匀，造成流速分布的不均匀。流速分布的不均匀造成物料停留时间和传热情况的不均匀，最终影响反应的结果。

此外，流体在固定床中流动时，由于本身的湍流、对催化剂颗粒的撞击、绕流以及孔道的不断缩小和扩大，造成流体的不断分散和混合，这种混合扩散现象在固定床内并非各向同性。因而通常把它分成径向混合和轴向混合两个方面进行研究。径向混合可以简单地理解为由于流体在流动过程中不断撞击到颗粒上，发生流股的分裂而造成，如图 5-15 所示。轴向混合可简单地理解为流体沿轴向依次流过一个由颗粒间空隙形成的串联着的"小槽"，在进口处，由于孔道收缩，流速增大，进到"小槽"后，由于孔道突然扩大而减速，形成混合。因此，固定床中的流体流动，可认为由两部分合成：一部分为流体以平均流速沿轴向进行理想置换式的流动；另一部分为流体的径向和轴向的混合扩散。

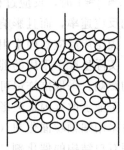

图 5-15 固定床内径向混合示意图

流体流过固定床层的压力降，主要是由流体与颗粒表面间的摩擦阻力和流体在孔道中的收缩、扩大和再分布等局部阻力引起的。增大流体空床平均流速、减少颗粒直径以及减小床层孔隙率 ε 都会使床层压降增大，其中尤以孔隙率的影响最为显著。

四、固定床反应器内的传质与传热

1. 固定床中的传质

固定床反应器内进行的是气固相催化反应，一般而言，气固相催化反应过程（见图 5-16）经历以下七个步骤。

① 反应组分从流体主体向固体催化剂外表面传递（外扩散过程）。
② 反应组分从催化剂外表面向催化剂内表面传递（内扩散过程）。
③ 反应组分在催化剂表面的活性中心吸附（吸附过程）。
④ 反应组分在催化剂表面上进行化学反应（表面反应过程）。
⑤ 反应产物在催化剂表面上脱附（脱附过程）。
⑥ 反应产物从催化剂内表面向催化剂外表面传递（内扩散过程）。
⑦ 反应产物从催化剂外表面向流体主体传递（外扩散过程）。

这七个步骤中，①和⑦是气相主体通过气膜与颗粒外表面进行物质传递，称为外扩散过程；②和⑥是颗粒内的传质，称为内扩散过程；③和⑤是在颗粒表面上进行化学吸附和化学脱附的过程；④是在颗粒表面上进行的表面反应动力学过程。

在工业生产过程中，固定床反应器一般都在较高流速下操作。因此，主流体与催化剂外表面之间的压差很小，一般可以忽略不计，因此外扩散的影响也可以忽略。

气固相催化反应在催化剂内表面进行，所以反应组分必须到达催化剂表面才能发生化学反应。而在固定床反应器中，由于催化剂粒径不能太小，故常常采用多孔催化剂以提供反应所需要的表面积。因此，内扩散过程则直接影响反应过程的宏观速率。

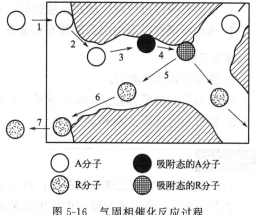

图 5-16　气固相催化反应过程

内扩散的影响及改善措施在前面已赘述，这里不再详细说明。

2. 固定床中的传热

床层的传热性能影响床内的温度分布，进而对反应速率和物料组成分布都有很大影响。由于反应是在催化剂颗粒内进行的，因此固定床的传热实质上包括了颗粒内的传热、颗粒与流体之间的传热以及床层与器壁的传热等几个方面。

固定床反应器内的传热过程，以换热式反应器进行放热反应为例，包括：①反应热由催化剂内部向外表面传递；②反应热由催化剂外表面向流体主体传递；③反应热少部分由反应后的流体沿轴向带走，主要部分由径向通过催化剂和流体构成的床层传递至反应器器壁，由载热体带走。上述的每一步传热过程都包含着传导、对流和辐射三种传热方式。

从固定床内传热和传质的研究结果得知，固定床内传热和传质的重要性顺序大体如下。

传热：床层内部＞流体与催化剂间＞颗粒内部。

传质：颗粒内部＞床层内部＞流体与催化剂间。

任务二　固定床反应器的操作与控制

学习目标

知识目标

1. 熟悉固体催化剂装填的步骤。
2. 了解催化剂使用中毒、失火和再生。
3. 掌握固定床反应器的操作要点。
4. 掌握乙炔加氢反应的流程。
5. 掌握乙炔加氢反应过程中的常见异常现象及处理方法。

能力目标

1. 以乙炔加氢反应为例，能进行固定床反应器仿真操作。
2. 以生产高密度低压聚乙烯为例，能进行连续搅拌固定床反应器的操作。

3. 在仿真操作过程中，能对反应时间、反应温度和压力进行合理控制。
4. 能判断操作过程中出现的异常现象并及时处理。

素质目标
1. 增强团队协作能力。
2. 意识到安全操作和控制固定床反应器的重要性。
3. 培养良好的职业素养。

任务介绍

固体催化剂的填装工作非常重要，直接决定了后续的生产效率。催化剂使用过程中的活化、中毒、失活、再生等对反应过程也至关重要。固定床反应器在开、停车操作中要注意对温度、压力、流量等参数的控制，一旦出现异常现象，要做出判断并及时处理。

任务分析

在本次任务中，通过查阅相关资料、参加小组讨论交流、教师引导、仿真实操练习等活动，认识固定床反应器的填装操作，通过乙炔加氢仿真操作实例，熟悉固定床反应器的操作规范，能合理控制、调节各工艺参数，并对操作过程中出现的异常现象做出判断并及时处理。

相关知识点

知识点一　固体催化剂的使用

在经过试用积累经验的基础上，若要保持工业催化剂长期稳定操作及工厂的良好经济效益，往往应当考虑和处理下列各方面技术问题，并长期积累操作经验。

一、运输、储藏

催化剂通常是装桶供应的，有金属桶（如 CO 变换催化剂）或纤维板桶（如 SO_2 接触氧化催化剂）包装。用纤维板桶装时，桶内有一塑料袋，以防止催化剂吸收空气中的水分而受潮。装有催化剂桶的运输应按规定使用专用工具和设备，如图 5-17 所示，尽可能轻轻搬运，严禁摔、滚、碰、撞击，以防催化剂破碎。

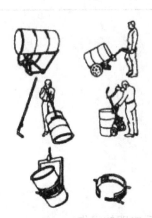

图 5-17　搬运催化剂桶的装置

催化剂的储藏要求防潮、防污染。例如，SO_2 接触氧化使用的钒催化剂，在储藏过程中不与空气接触则可保存数年，性能不发生变化。催化剂受潮与否，就钒催化剂来说大致可由其外观颜色判别，新的未受潮的催化剂应是淡黄色或深黄色的。如催化剂变为绿色，那就是它和空气接触受潮了，因为催化剂很容易与任何还原性物质作用，还原成四价钒。对于合成氨催化剂，如用金属桶可存放数月不变质，可置于户外，但也要注意防雨防污，做好密封工作。如有空气泄漏进入金属桶中，空气中含有的水汽和硫化物等会与催化剂发生作用，有时可以看到催化剂上有一层淡淡的白色物质，这是空气中的水汽和催化剂长期作用使钾盐析出的结果。在储藏期间如有雨水浸入，催化剂表面润湿，这些催化剂均不宜使用。

二、填装

催化剂的填装（图 5-18）是非常重要的工作，催化剂床层气流的均匀分布以及降低床层的阻力对于有效发挥催化剂的效能起着重要的作用。

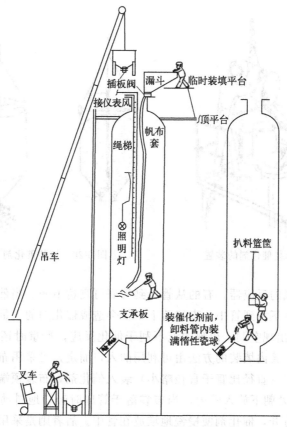

图 5-18　催化剂填装示意图

催化剂在装入反应器之前先要过筛，因为运输中所产生的粉末会增加床层阻力，甚至被气流带出反应器阻塞管道阀门。在填装之前要认真检查催化剂支承篦条或金属支网的状况，因为这方面的缺陷在填装后很难矫正。常用的催化剂填装装置如图 5-19 所示。

在填装固定床床层反应器时，要注意两个问题：一是要避免催化剂从高处落下造成破损；二是在填装床层时一定要分布均匀。忽视了上述两项，如果在填装时造成严重破碎或出现不均匀的情况，造成反应器断面各部分颗粒大小不均，小颗粒或粉尘集中的地方孔隙率小，阻力大；相反，大颗粒集中的地方孔隙率大、阻力小，气体必然更多地从孔隙率大、阻力小的地方通过，由于气体分布不均影响了催化剂的利用率。理想的填装通常是采用装有加料斗的布袋，加料斗架于人孔外面，当布袋装满催化剂时，便缓缓提起使催化剂有控制地流进反应器，并不断地移动布袋以防止总是卸在同一地点。在移动时要避免布袋的扭结，催化剂装进一层布袋就要缩短一段，直至最后将催化剂装满为止。也可使用金属管代替布袋，这样更易于控制方向，更适合于填装像合成氨催化剂那样密度较大、磨损较严重的催化剂。

另一种填装方法称为绳斗法，该法使用的料斗如图 5-20 所示，料斗的底部装有活动的开口，上部则有双绳装置，一根绳子吊起料斗，另一根绳子则控制下部的开口。当料斗装满催化剂后，吊绳向下传送使料斗到达反应器的底部，之后放松另一根绳子使活动开口松开，催化剂即从斗内流出。此外，填装这一类反应器也可用人工将一小桶或一塑料袋的催化剂逐一递进反应器内，再小心倒出并分散均匀。催化剂填装好后，在催化剂床顶要安放固定栅条或一层重的惰性物质，以防止由于高速气体喷入而引起催化剂移动。

图 5-19 填装催化剂的装置

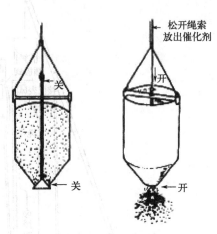

图 5-20 填装催化剂的料斗

对于固定床列管式的反应器，有的从管口到管底可高达 10m。当催化剂装于管内时，催化剂不能直接从高处落下加到管中，直接落下不仅会造成催化剂的大量破碎，而且容易形成"桥接"现象，使床层出现空洞，出现沟流不利于催化反应，严重时还会造成管壁过热。因此，填装要特别小心，管内填装的方法由可利用的入口而定，可采用布袋法或多节杆法。前者是在一个细长布袋内（直径比管子直径略小）装入催化剂，布袋顶端系一绳子，底端折起 300mm 左右，将折叠处朝下放入管内，当布袋落于管底时轻轻地抖动绳子，折叠处在袋内催化剂的冲击下自行打开，催化剂便慢慢地堆放在管中。后者则是采用多节杆来顶住管底支持催化剂的箅条板，然后将其推举到管顶，倒入催化剂抽去短杆，使箅条慢慢地落下，催化剂不断地加入，直到箅条落到原来管底的位置。以上是目前管式催化床中催化剂填装常用的方法，其中尤以布袋法更为普遍。为了检查每根管子的填装量是否一致，催化剂在填装前应先称重。为了防止"桥接"现象，在填装过程中对管子应定时地振动。填装后催化剂的料面应仔细地测量，以确保设备在操作条件下管子的全部加热长度上均有催化剂。最后，应对每根装有催化剂的管子进行阻力降的测定，控制每根管子阻力降的相对误差在一定范围内，以保证在生产运行中各根管子气体量分配均匀。检查催化剂压力降的气流装置如图 5-21 所示。

三、升温与还原

催化剂的升温与还原实际上是其制备过程的继续，是投入使用前的最后一道工序，也是催化剂形成活性结构的过程。在此过程中，既有化学变化也有宏观物性的变化。例如，一些金属氧化物（如 CuO、NiO、CoO 等）在氢或其他还原性气体作用下还原成金属时，表面积将大大增加，而催化活性和表面状态也与还原条件有关，用 CO 还原时还可能析

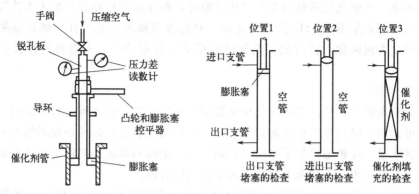

图 5-21 检查催化剂压力降的气流装置

碳。因此，升温还原的好坏将直接影响到催化剂的使用性能。目前国内有些催化剂生产厂家是以预还原的形态提供催化剂的，使用者必须将催化剂表面活化后才能进入负荷运转，但更多的是未经还原的催化剂。因此，在这里有必要对催化剂的还原进行简单介绍。由于工业上使用的催化剂是多种多样的，还原的方法和条件也各异，这里仅就一些共同问题进行讨论。

催化剂的还原必须到达一定的温度后才能进行。因此，从室温到还原开始以及从开始还原到还原终止，催化剂床层都需逐渐升温，稳定而缓慢地进行，并不断脱除催化剂表面所吸附的水分。升温所需的热量是通过装在反应器内的加热器（多为电加热器）或器外的加热器将惰性气体或还原气体经预热带入。为了使催化剂床层的径向温度均匀分布，通常升温到某一阶段需恒温一段时间，特别在接近还原温度时恒温更显得重要。还原开始后，一般有热量放出，许多催化剂床层能自身维持热量或部分维持热量，但仍要控制好温度，必须均匀地进行，严格遵守操作规程，密切注意不要使温度发生急剧改变。例如，低温 CO 变换用的 CuO-ZnO 催化剂，还原热高达 88kJ/mol（以铜计），而铜催化剂对温度又很敏感，极易烧结。在这种情况下可用氮气等惰性气体稀释还原气，降低还原速率。如果催化反应是放热，也可利用反应热来维持和升高温度。例如，使用 N_2-H_2 混合气体还原合成氨用的熔铁催化剂时，当部分 Fe_3O_4 被氢还原成金属铁后，即具有催化活性，部分 N_2 与 H_2 反应生成 NH_3 而放出热量，利用这一反应热可逐步提高还原温度。但也要适当控制其反应量，以免温度过高使微晶烧结而影响催化剂的活性。

还原气体也有用水蒸气稀释的。但如果是氧化物的还原，由于有水的生成，还原中有水蒸气存在会影响还原反应的平衡，使还原度降低。此外，水蒸气的存在还会使还原后的金属重新氧化，使催化剂中毒。还原气的空速也有影响，氢气流量越大，可以加快还原时生成的水从颗粒内部向外扩散，从而提高还原速率，也有利于提高还原度，减小水蒸气的中毒效应。但提高空速会增加系统带走的热量，特别是对于吸热的还原反应，则增加了加热设备的负荷。因此，还原气的空速要综合考虑确定。

四、开停车及钝化

1. 开车

若催化剂为点火开车，则首先用纯氮气或惰性气体置换整个系统，然后用气体循环加热到一定温度，再通入工艺气体（或还原性气体）。对于某些催化剂，还必须通入一定量的蒸汽进行升温还原。当催化剂不是用工艺气体还原时，则在还原后期逐步加入工艺气体。如合成甲醇催化剂，通常是用 N_2-H_2 混合气还原，然后逐步换入工艺气体。如果是停车后再开车，催化剂只是表面钝化，就可用工艺气体直接进行升温开车，不需再进行长时间的还原处理。

2. 停车及钝化

临时性的短期停车，只需关闭催化反应器的进出口阀门，保持催化剂床层的温度，维持系统正压即可。当短时间停车检修时，为了防止空气漏入引起已还原催化剂的剧烈氧化，可用纯氮气充满床层，保护催化剂不与空气接触。停车期间如果床层的温度不低于该催化剂的起燃温度，可直接开车，否则需开加热炉用工艺气体升温。

若系统停车时间较长，生产使用的催化剂又是具有活性的金属或低价金属氧化物，为防止催化剂与空气中的氧反应，放热烧坏催化剂和反应器，则要对催化剂进行钝化处理。即用含有少量氧的氮气或水蒸气处理，使催化剂缓慢氧化，氮气或水蒸气作为载热体带走热量，逐步降温。钝化使用的气体要视具体情况而定。操作的关键是通过控制适宜的配氧浓度来控制温度，开始钝化时氧的浓度不能过大，在催化剂无明显升温的情况下再逐步递增氧含量。

若是更换催化剂的停车，则应包括催化剂的降温、氧化和卸出几个步骤。先将催化剂床层降到一定的温度，用惰性气体或过热蒸汽置换床层，并逐步加入空气进行氧化。要求氧化温度不超过正常操作温度，空气量要逐步加大。当进出口空气中的氧含量不变时，可以认为氧化结束，再将反应器的温度降至50℃以下。有些催化剂床层采用惰性气体循环法降温，催化剂也可以不氧化。但当温度降到50℃以下时，需加入少量空气，看看有没有温度回升现象。如果没有温度回升现象，则可加大空气量吹一段时间后，再打开人孔卸出催化剂。

五、催化剂的使用与再生

1. 催化剂使用注意事项

① 防止已还原或已活化好的催化剂与空气接触。

② 原料中必须净化除尘，减少毒物和杂质的影响。在使用过程中，避免毒物与催化剂接触。

③ 严格保持催化剂使用所允许的温度范围，防止催化剂床层局部过热，以致烧坏催化剂。催化剂使用初期活性较高，操作温度尽量控制低些，当活性衰退以后，可逐步提高操作温度。

④ 维持正常操作条件（如温度、压力、原料配比、流量等）的稳定，尽量减少波动。

⑤ 开车时要缓慢地升温、升压，温度、压力的突然变化易造成催化剂的粉碎。要尽量减少开、停车的次数。

2. 催化剂的再生

催化剂的再生是在催化剂活性下降后，通过适当的处理使其活性得到恢复的操作。因此，再生是延长催化剂的寿命、降低生产成本的一种重要手段。催化剂能否再生及其再生的方法，要根据催化剂失活的原因来决定。在工业上对于可逆中毒的情况可以再生，这在前面已经讨论。对于催化工业中的积炭现象，由于只是一种简单的物理覆盖，并不破坏催化剂的活性表面结构，只要把炭烧掉就可再生。总之，催化剂的再生是针对催化剂的暂时性中毒或物理中毒如微孔结构阻塞等而言的，如果催化剂受到毒物的永久中毒或结构毒化，就难以进行再生。

工业上常用的再生方法有下列几种。

（1）蒸汽处理 如轻油-水蒸气转化制合成气的镍基催化剂，当处理积炭现象时，加大水蒸气比例或停止加油，单独使用水蒸气吹洗催化剂床层，直至所有的积炭全部清除掉为止。其反应式如下：

$$C + 2H_2O =\!\!=\!\!= CO_2 + 2H_2$$

对于中温一氧化碳变换催化剂，当气体中含有 H_2S 时，活性组分 Fe_3O_4 与 H_2S 反应生成 FeS，使催化剂受到一定的毒害作用，反应式如下：

$$Fe_3O_4 + 3H_2S + H_2 =\!\!=\!\!= 3FeS + 4H_2O$$

由此可见，加大水蒸气量有利于反应向着生成 Fe_3O_4 的方向移动。因此，工业上常用加大原料气中水蒸气的比例的方法，使受硫毒害的变换催化剂得以再生。

（2）空气处理 当催化剂表面吸附了炭或碳氢化合物，阻塞了微孔结构时，可通入空气进行燃烧或氧化，使催化剂表面的炭及类焦状化合物与氧反应，将其转化成二氧化碳放出。例如，原油加氢脱硫用的钴钼或铁钼催化剂，当吸附了上述物质时活性显著下降，常用通入空气的办法，把这些物质烧尽，这样催化剂就可继续使用。

（3）通入氢气或不含毒物的还原性气体 如合成氨使用的熔铁催化剂，当原料气中含氧或氧的化合物浓度过高受到毒害时，可停止通入该气体，改用合格的 N_2-H_2 混合气体进行处理，催化剂可获得再生。有时用加氢的方法，也是除去催化剂中含焦油状物质的一种有效途径。

（4）用酸或碱溶液处理 如加氢用的骨架镍催化剂被毒化后，通常采用酸或碱除去毒物。一些催化剂经再生后可以恢复到原来的活性，但也受到再生次数的制约。如用烧焦的方法再生，由于催化剂在高温的反复作用下，其活性结构也会发生变化。因结构毒化而失活的催化剂，一般不容易恢复到毒化前的结构和活性。如合成氨的熔铁催化剂，如被含氧化合物多次毒化和再生，则 α-Fe 的微晶由于多次氧化还原，晶粒长大，使结构受到破坏，即使用纯净的 N_2-H_2 混合气，也不能使催化剂恢复到原来的活性。因此，催化剂再生次数也受到一定的限制。

催化剂再生的操作，可以在固定床、移动床或流化床中进行。再生操作方式取决于许多因素，但首要的是取决于催化剂活性下降的速率。一般说来，当催化剂的活性下降比较缓慢，可允许数月或一年再生时，可采用设备投资少、操作也容易的固定床再生。但对于反应周期短需要进行频繁再生的催化剂，最好采用移动床或流化床连续再生。例如，催化裂化反应装置就是一个典型的例子。该催化剂使用几秒钟后就会产生严重的积炭，在这种情况下，工业上只能采用连续烧焦的方法来清除，即在一个流化床反应器中进行催化反应，随即气固分离，连续地将已积炭的催化剂送入另一个流化床再生器，在再生器中通入空气，用烧焦方法进行连续再生。最佳的再生条件，应以催化剂在再生中的烧结最小为准。显然，这种再生方法设备投资大，操作也复杂。但连续再生的方法，使催化剂始终保持新鲜的表面，提供了催化剂充分发挥催化效能的条件。

六、催化剂的卸出

催化剂在使用过程中性能逐渐衰退，当达不到生产工艺的要求准备卸出时，应做好充分的准备工作，制定出详细的停工卸出方案。除了包括正常的降温、钝化内容外，还要安排废催化剂的取样工作，以便收集资料，帮助分析失活原因，同时安排好物资供应工作。

在废催化剂卸出前，一般采用氮气或蒸汽将催化剂降至常温，有时为加快卸出速度，也可采用喷水降温法卸出。

列管式转化炉或其他特殊炉型、特殊反应器催化剂的卸出，常配置专用工具。

知识点二　固定床催化反应器的操作要点

一、开车前的准备工作

① 熟悉设备的结构、性能，并熟悉设备操作规程。
② 检查所有设备、管道、阀门试压合格，清洗吹扫干净，符合安全要求。
③ 所有温度、流量、压力、液位等仪表要正确无误。
④ 生产现场包括主要通道无杂物乱堆乱放，符合安全技术的有关规定。
⑤ 检查燃料气、燃料油、动力空气、水蒸气、冷冻盐水、循环水、电、生产原料等符合要求，处于备用状态。

二、正常开车

① 投运公用工程系统、仪表和电气系统。
② 通入氮气置换反应系统。
③ 按工艺要求先对床层升温直至合适温度，进行催化剂的活化。
④ 逐渐通入气体物料，适时打开换热系统，按要求控制好反应温度。
⑤ 调节反应原料气流量、反应器操作压力、操作温度到规定值。
⑥ 反应运行中，随时做好相应记录，发现异常现象时及时采取措施。

三、正常停车

① 减小负荷，关小原料气量，调节换热系统。
② 关闭原料气。打开放空系统，改通氮气，充氮气。
③ 钝化催化剂，降温，卸催化剂。
④ 关闭各种阀门、仪表、电源。

四、乙苯脱氢用固定床反应器需要注意的操作要点

1. 开车前的准备工作

① 所有设备、管道、阀门试压合格，清洗吹扫干净。
② 所有温度、流量、压力、液位的仪表要正确无误。
③ 机泵单机运行正常，包括备用泵也处于可正常运转状态。
④ 燃料系统经试压后无泄漏，喷嘴无堵塞，油温预热至正常操作温度，并注意油贮罐排水。
⑤ 生产现场包括主要通道无杂物乱堆乱放，符合安全技术有关规定。
⑥ 与调度联系，使燃料气、燃料油、动力空气、仪表空气、水蒸气、冷冻盐水、循环水、电、生产原料等符合要求，处于备用状态。

2. 正常开车

① 点火后待火焰稳定，开始记录温度，然后以一定的速率升温。

② 温度升至150℃时，逐步开大烟囱挡板的角度，控制150℃稳定4h，并做好通空气的准备。150℃稳定结束后，通入动力空气，并控制空气压力和流量。

③ 恒温结束后，继续以一定的速率升温。当温度升至500℃时，开大烟囱挡板的角度，并恒温24h。

④ 在500℃恒温过程中，做好通水蒸气的准备工作，当恒温结束时，开始切换通入水蒸气。

⑤ 水蒸气通入后，仍以一定的速率升温。

⑥ 温度升为500℃时，水蒸气以一定的流量进入水蒸气过热炉的辐射段，并以一定的流量通入乙苯蒸发器。

⑦ 温度升为600℃时，加大水蒸气的通入量。仍以一定的速率升温。

⑧ 温度升为800℃时，进一步加大水蒸气的通入量。再进一步开大烟囱挡板的角度。

⑨ 在800℃稳定6h后，准备投料通乙苯，开乙苯贮罐的底部出口阀，启动乙苯泵，开泵出口阀，控制一定的流量。

⑩ 一段时间后，采样分析，根据结果调节乙苯的流量和炉顶的温度，炉顶温度指示不能超过850℃。

3. 固定床停车操作

① 在接到停车通知后，逐步减少乙苯进料流量，以10℃/h速率降低炉顶温度至800℃。

② 在800℃恒温下，仍按一定的速率减少乙苯进料量，直至切断乙苯。

③ 800℃恒温后，以115℃/h速率降低炉顶温度至750℃，关小烟囱挡板角度。

④ 750℃恒温1h，逐步减少水蒸气进入量，再关小烟囱挡板角度，以减少空气进入量，关闭盐水阀。

⑤ 以15℃/h速率降低炉顶温度至500℃，减少水蒸气进入量。

⑥ 500℃恒温17h，恒温过程中，当恒温第三小时开始进一步减少水蒸气进入量，交替切换动力空气，控制动力空气的流量。

⑦ 炉顶温度500℃恒温结束后，以15℃/h速率降低炉顶温度直至150℃，继续以一定流量通动力空气。

⑧ 150℃恒温2h，关小烟囱挡板角度。

⑨ 恒温结束后切断动力空气阀，关小烟囱挡板角度。并以20℃/h速率降低炉顶温度至熄火，然后自然降温。

⑩ 切断循环水，排干净存水，必要时要加盲板。

> 实操训练

训练一　固定床反应器单元仿真操作

以乙烯装置中催化加氢脱除乙炔生产工段为例说明对外换热式固定床反应器的操作与控制。固定床DCS图和仿真操作现场图见图5-22和图5-23。

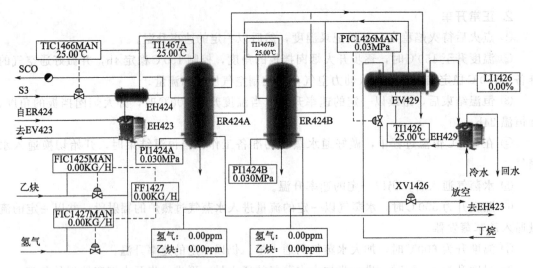

图 5-22 固定床反应器单元仿真操作 DCS 图

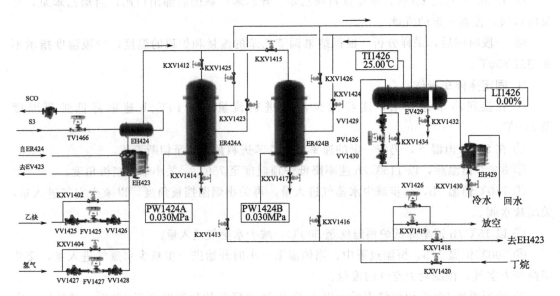

图 5-23 固定床反应器单元仿真操作现场图

一、工艺流程简述

1. 工艺简介

本流程为利用催化加氢脱乙炔的工艺。乙炔是通过等温加氢反应器除掉的,反应器温度由壳侧中冷剂温度控制。

主反应式:

$$nC_2H_2 + 2nH_2 \longrightarrow (C_2H_6)_n$$

该反应是放热反应。每克乙炔反应后放出热量约为 34000kcal (1kcal=4.186kJ)。温度超过 66℃时有副反应:

$$2nC_2H_4 \longrightarrow (C_4H_8)_n$$

该反应也是放热反应。

冷却介质为液态丁烷，通过丁烷蒸发带走反应器中的热量，丁烷蒸气通过冷却水冷凝。反应原料分两股，一股为约-15℃的以C_2为主的烃原料，进料量由流量控制器 FIC1425 控制；另一股为H_2与CH_4的混合气，温度约为10℃，进料量由流量控制器 FIC1427 控制。FIC1425 与 FIC1427 为比值控制，两股原料按一定比例在管线中混合后经原料气/反应气换热器（EH423）预热，再经原料气预热器（EH424）预热到38℃，进入固定床反应器（ER424A/B）。预热温度由温度控制器 TIC1466 通过调节预热器 EH424 加热蒸汽（S3）的流量来控制。

ER424A/B 中的反应原料在 2.523MPa、44℃下反应生成C_2H_6。当温度过高时会发生C_2H_4聚合生成C_4H_8的副反应。反应器中的热量由反应器壳侧循环的加压C_4冷剂蒸发带走。C_4蒸气在水冷器 EH429 中由冷却水冷凝，而C_4冷剂的压力由压力控制器 PIC1426 通过调节C_4蒸气冷凝回流量来控制，从而保持C_4冷剂的温度。

2. 本单元复杂控制回路说明

FFI1427：为一比值调节器。根据 FIC1425（以C_2为主的烃原料）的流量，按一定的比例，相适应地调整 FIC1427（H_2）的流量。

比值调节：工业上为了保持两种或两种以上物料的比例为一定值的调节叫比值调节。对于比值调节系统，首先是要明确哪种物料是主物料，而另一种物料按主物料来配比。在本单元中，FIC1425（以C_2为主的烃原料）为主物料，而 FIC1427（H_2）的量随主物料（C_2为主的烃原料）的量的变化而改变。

3. 设备一览

EH423：原料气/反应气换热器

EH424：原料气预热器

EH429：水冷器

EV429：C_4闪蒸器

ER424A/B：固定床反应器

二、固定床反应器单元操作规程

1. 开车操作规程

本操作规程仅供参考，详细操作以评分系统为准。

装置的开工状态为反应器和闪蒸罐都处于已进行过氮气充压置换后，保压在 0.03MPa 状态。可以直接进行实气充压置换。

（1）EV429 闪蒸器充丁烷

① 确认 EV429 压力为 0.03MPa。

② 打开 EV429 回流阀 PV1426 的前后阀 VV1429、VV1430。

③ 调节 PV1426（PIC1426）阀开度为 50%。

④ EH429 通冷却水，打开 KXV1430，开度为 50%。

⑤ 打开 EV429 的丁烷进料阀门 KXV1420，开度为 50%。

⑥ 当 EV429 液位到达 50% 时，关进料阀 KXV1420。

（2）ER424A 反应器充丁烷

① 确认事项。

a. 反应器 0.03MPa 保压。

b. EV429 液位到达 50%。
　　② 充丁烷。打开丁烷冷剂进 ER424A 壳层的阀门 KXV1423，有液体流过，充液结束；同时打开出 ER424A 壳层的阀门 KXV1425。
　　(3) ER424A 启动
　　① 启动前准备工作。
　　　a. ER424A 壳层有液体流过。
　　　b. 打开 S3 蒸汽进料控制 TIC1466。
　　　c. 调节 PIC1426 设定，压力控制设定在 0.4MPa。
　　② ER424A 充压、实气置换。
　　　a. 打开 FIC1425 的前后阀 VV1425、VV1426 和 KXV1412。
　　　b. 打开阀 KXV1418。
　　　c. 微开 ER424A 出料阀 KXV1413，丁烷进料控制 FIC1425 打手动，慢慢增加进料，提高反应器压力，充压至 2.523MPa。
　　　d. 慢开 ER424A 出料阀 KXV1413 至 50%，充压至压力平衡。
　　　e. 乙炔原料进料控制 FIC1425 设自动，设定值为 56186.8kg/h。
　　③ ER424A 配氢，调整丁烷冷剂压力。
　　　a. 稳定反应器入口温度在 38.0℃，使 ER424A 升温。
　　　b. 当反应器温度接近 38.0℃（超过 35.0℃），准备配氢。打开 FV1427 的前后阀 VV1427、VV1428。
　　　c. 氢气进料控制 FIC1427 设自动，流量设定 80kg/h。
　　　d. 观察反应器温度变化，当氢气量稳定后，FIC1427 设手动。
　　　e. 缓慢增加氢气量，注意观察反应器温度变化。
　　　f. 氢气流量控制阀开度每次增加不超过 5%。
　　　g. 氢气流量最终加至 200kg/h 左右，此时 $H_2/C_2=2.0$，FIC1427 投串级。
　　　h. 控制反应器温度在 44.0℃ 左右。
　　2. 正常操作规程
　　(1) 正常工况下工艺参数
　　① 正常运行时，反应器温度 TI1467A：44.0℃，压力 PI1424A 控制在 2.523MPa。
　　② FIC1425 设自动，设定值为 56186.8kg/h，FIC1425 投串级。
　　③ PIC1426 压力控制在 0.4MPa，EV429 温度 TI1426 控制在 38.0℃。
　　④ TIC1466 设自动，设定值 38.0℃。
　　⑤ ER424A 出口氢气浓度低于 50ppm（1ppm=1μL/L），乙炔浓度低于 200ppm。
　　⑥ EV429 液位 LI1426 为 50%。
　　(2) ER424A 与 ER424B 间切换
　　① 关闭氢气进料。
　　② ER424A 温度低于 38.0℃后，打开 C_4 冷剂进出 ER424B 的阀 KXV1424、KXV1426，关闭 C_4 冷剂进出 ER424A 的阀 KXV1423、KXV1425。
　　③ 开 C_2H_2 进 ER424B 的阀 KXV1415，微开 KXV1416。关 C_2H_2 进 ER-424A 的阀 KXV1412。
　　(3) ER424B 的操作　ER424B 的操作与 ER424A 操作相同。

3. 停车操作规程

（1）正常停车

① 关闭氢气进料，关 VV1427、VV1428，FIC1427 设手动，设定值为 0%。

② 关闭加热器 EH424 蒸汽进料，TIC1466 设手动，开度 0%。

③ 闪蒸器冷凝回流控制 PIC1426 设手动，开度 100%。

④ 逐渐减少乙炔进料，开大 EH429 冷却水进料。

⑤ 逐渐降低反应器温度、压力，至常温、常压。

⑥ 逐渐降低闪蒸器温度、压力，至常温、常压。

（2）紧急停车

① 与停车操作规程相同。

② 也可按紧急停车按钮（在现场操作图上）。

4. 联锁说明

该单元有一联锁。

（1）联锁源

① 现场手动紧急停车（紧急停车按钮）。

② 反应器温度高报（TI1467A/B＞66℃）。

（2）联锁动作

① 关闭氢气进料，FIC1427 设手动。

② 关闭加热器 EH424 蒸汽进料，TIC1466 设手动。

③ 闪蒸器冷凝回流控制 PIC1426 设手动，开度 100%。

④ 自动打开电磁阀 XV1426。

该联锁有一复位按钮。

注：在复位前，应首先确定反应器温度已降回正常，同时处于手动状态的各控制点的设定应设成最低值。

三、异常现象及事故处理

1. 氢气进料阀卡住

原因：FIC1427 卡在 20% 处。

现象：氢气流量无法自动调节。

处理：降低 EH429 冷却水的量。

用旁路阀 KXV1404 手工调节氢气流量。

2. 预热器 EH424 阀卡住

原因：TIC1466 卡在 70% 处。

现象：换热器出口温度超高。

处理：增加 EH429 冷却水的量。

减少配氢量。

3. 闪蒸器压力调节阀卡

原因：PIC1426 卡在 20% 处。

现象：闪蒸器压力，温度超高。

处理：增加 EH429 冷却水的量。

用旁路阀 KXV1434 手工调节。

4. 反应器漏气

原因：反应器漏气，KXV1414 卡在 50%处。
现象：反应器压力迅速降低。
处理：停工。

5. EH429 冷却水停

原因：EH429 冷却水供应停止。
现象：闪蒸器压力、温度超高。
处理：停工。

6. 反应器超温

原因：闪蒸器通向反应器的管路有堵塞。
现象：反应器温度超高，会引发乙烯聚合的副反应。
处理：增加 EH429 冷却水的量。

训练二　固定床反应器实训操作

一、装置概述

固定床反应器装置是一套多相催化反应装置，本装置配有一个液相和两个气相进料口，可改变进料方式，进行气固、液固、气液固等催化反应。

气体流量通过转子流量计进行控制和计量，原料进油量通过人工观察液位计读数，手动调节泵的柱塞行程进行控制。本装置采用了先进的温度控制、可靠的安全措施，当装置系统的温度超过设定温度值时即可报警，当泵出口压力超过设定压力时安全阀起跳，从而保证设备和装置系统的安全。

二、装置技术指标及控制精度

(1) 操作压力　0.5~1.0MPa，控制精度±1%FS（量程的 1%）。
(2) 反应温度　50~200℃，控制精度±1℃。
(3) 催化剂装填量（催化剂＋惰性填料）　最大 50mL。
(4) 气体流量　100~1600mL/min（标准状况），控制精度±1%。
(5) 进油量　50~2500mL/h，控制精度±2%。

三、工艺流程说明

本实训装置按工艺流程走向分为气体进料系统、原料油系统、反应系统和分离系统。

气体进料系统有空气和氮气，其中空气用于模拟原料气，而氮气用于开、停车过程中装置的吹扫。

将外界稳定压力（不大于 1.0MPa）的原料气通过截止阀 HV11 与经计量泵 P31 计量的原料油混合进入预热器 E101，预热至一定温度后进入反应器 R101，预热器 E101 和反应器 R101 的温度可通过调节导热油温度来控制。油气混合物在催化剂床层发生反应，反应后的油气产物通过列管式冷却器 E102 冷却后进入油气分离器 V104 进行油气分离，液体通过人工定期排入产品罐 V102 中，气体由分离器上部进入减压阀 PV51 减压后通过浮子流量计控制流量直接放空或采样分析，油品通过 HV52 阀采出。装置工艺流程见图 5-24。

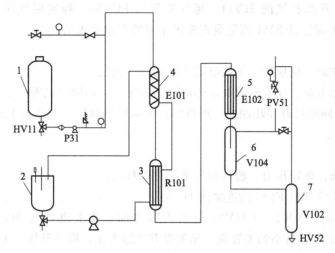

图 5-24 固定床反应器工艺流程
1—原料罐；2—导热油罐；3—固定床反应器；4—预热器；5—换热器；6—油气分离器；7—产品罐

四、操作规程

1. 开车准备工作

① 工艺流程图的识读与表述。
② 熟悉现场装置及主要设备、仪表、阀门的位号、功能、工作原理和使用方法。
③ 按照实训要求制定操作方案。
④ 认真检查装置导热油罐和反应器热电偶是否插到位。
⑤ 引入公用工程（水、电、气）并确保正常。
⑥ 装置上电，检查各仪表状态是否正常。
⑦ 动设备检查，检查泵的润滑油是否足够。
⑧ 装填催化剂：打开反应器上下盖，在反应器下端口，分别取出三根列管反应管下端的横销，取出不锈钢丝网团，清洗干净。同时清理干净反应管，重新从下端塞进不锈钢网团，用横销挡住。取 50mL 已经筛选的 20~30 目催化剂等分为 3 份，分别倒入 3 根反应管中，如不满，可用 20~30 目的细磁环碎片压紧装满。最后放上垫圈，封上上下盖。
⑨ 氮气吹扫，打开总氮阀 HV12、使氮气经预热器 E101，反应器 R101、冷却器 E102、油气分离器 V104、急放阀 HV53 进行吹扫 10min，吹扫完毕后关总氮阀 HV12、急放阀，减压阀 PCV51。
⑩ 气密性检查，打开总氮阀 HV12，向装置内充气至 0.3MPa 时关总氮阀，进行气密性检查，如无漏点，继续升高至实验要求压力进行检查，气密合格标准为每小时压降低于 0.1MPa。

注意：在气密检查过程中，如发现渗漏，必须将漏处压力降至 0.2MPa 以下方可处理，如旋紧还是渗漏的话，则应将装置气体放空后拆下接头或卡套进行更换。

⑪ 准备原料。
⑫ 检查防火设备及其他用具是否齐全。
⑬ 定期检定压力表、流量计、热电偶、安全阀等计量元件。

2. 开车操作

(1) 冷运　打开原料气阀 HV11，尾气减压阀 PCV51，控制尾气压力 PI51 为 0.2～0.3MPa，调节浮子流量计 FI51 流量至正常操作时的实验要求值。

(2) 升温

① 检查导热油罐、反应器上下热电偶必须插入并到位。

② 打开装置总电源、仪表电源及导热油加热电源，启动微机电源，运行微机控制系统，按要求速度升温，同时打开导热油泵，进行导热油从导热油罐→预热器 E101→反应器 R101→导热油罐的循环。

(3) 进料

① 按条件要求在规定压力、温度和气量下进原料油。

② 打开列管式冷却器 E102 的进水阀 HV61。

③ 启动泵电源，打开阀门 HV31 至泵入口方向，关上进油阀 HV33，打开置换阀 HV32，开泵调节泵量，由小到大置换，见油没有气泡为止，即可升压，关闭置换阀 HV32，使压力升到高于操作压力 0.5MPa 时打开进油阀 HV33 按规定量进油。

(4) 正常操作　调整导热油温度使反应温度达到实验温度，压力、原料气、进油量各项指标达到要求后放出分离器内存油至产品罐，将产品罐中的油取出循环使用，装置开始进行正常操作。

① 熟悉实验要求的各参数值。

② 熟悉温度、压力、收率等生产指标的调整方法。

③ 熟悉反应过程，能对反应各阶段作出及时调节和控制。

④ 定时巡查各工艺参数和生产指标并做好记录。

⑤ 定时巡查各动、静设备的运行状况并做好记录。

⑥ 分析产物组成，计算转化率和收率。

3. 停车操作

① 按实验要求降温，待反应器内温度降至实验要求后关计量泵电源，关进油阀、开置换阀使泵处于常压状态，放净产品罐内存油。

② 关导热油泵 P41 电源。

③ 关装置总原料气阀，开急放阀，放净装置内气体。

④ 将所有温控仪表回零后，依次关闭仪表电源、微机电源及装置总电源。

4. 事故判断与处理

注意：本装置区绝对禁止明火，厂房应配备适量的干粉灭火器，装置气源压力不大于 1.0MPa。

① 装置漏油、漏气，禁止高压旋紧，必须停气、油、电，降压，待温度在 150℃ 以下，压力在 0.2MPa 以下方可处理。

② 如果系统压差增大，要找准部位，而后决定处理方法（检查原料气阀 HV11 至单向阀 CK11 之间，预热器至反应器之间，反应器、反应器出口之间是否畅通）。

③ 泵表不起压，可能泵前过滤器滤芯及泵入口和出口阀芯堵，泵入口和出口阀芯漏，泵密封漏，泵内有气，修泵时维持反应温度低于正常反应温度 30～60℃，气量减半。

④ 突然停电，关上进油阀，打开置换阀，维持操作压力，待来电后按 5～15℃/h 进行升温。

⑤ 控制系统出现故障时（不加热或超温、控制不准）应停电，及时处理。

⑥ 装置操作参数（进油量、反应器温度、压力、气量）正常，但从产品罐内放不出油，可能分离器或产品罐底部阀 HV51、HV52 堵，需停进原料、停进气，待装置放空后逐个处理，如只是产品罐底部阀门堵，则装置无需停工。

⑦ 导热油不加热，可能是电路接触不良，仪表出故障，开关、导热油加热器坏，如仪表正常，开关良好，请仪表工、电工进行处理。

⑧ 管线突然破裂冒烟，停气、电、油，紧急放空，若着火时用干粉灭火器灭火。

⑨ 仪表显示常温或温度稍低，但实际导热油已冒烟，检查热电偶是否插入到位或热电偶失灵。

⑩ 泵表超压，安全阀起跳，检查泵出口管线及阀门、反应器是否堵塞。

⑪ 浮子流量计流量调不上去或无流量，针对以下原因分别处理，处理时先关掉流量计入口减压阀，稍开启（约 1/4 圈）急放阀临时进行气体放空：

尾气减压阀出口压力太低；
急放阀内漏使气体走短路；
流量计出口放空管线堵；
流量计流量调节阀堵或失灵；
流量计内部管道和浮球有油腻物。

五、技能考核方案

本实训要求学生能熟练掌握固定床反应体系的工艺流程，并熟练进行固定床反应器开车、停车及常见故障处理。为了认定学生是否达到实训目的，制定技能考核方案，详见表 5-1。

表 5-1 技能考核方案

序号		考核内容	评分标准/分
1	开车准备工作	流程图的识读与表述	2
		按照实训要求制定操作方案	4
		检查水、电、气、仪表、装置导热油罐和反应器热电偶	5
		装填催化剂	5
		氮气吹扫及气密性检查	4
2	开车操作	打开原料气阀 HV11，尾气减压阀 PCV51，控制尾气压力 PI51 为 0.2~0.3MPa，调节浮子流量计 FI51 流量至正常操作时的实验要求值	4
		打开装置总电源	3
		打开仪表电源及导热油加热电源，启动微机电源，运行微机控制系统，按要求速度升温	4
		打开导热油泵，进行导热油从导热油罐→预热器 E101→反应器 R101→导热油罐的循环	4
		按条件要求在规定压力、温度和气量下进原料油	4
		打开列管式冷却器 E102 的进水阀 HV61	3
		启动泵电源，打开阀门 HV31 至泵入口方向，关上进油阀 HV33，打开置换阀 HV32，开泵调节泵量，由小到大置换，见油没有气泡为止，即可升压	4
		关闭置换阀 HV32，使压力升到高于操作压力 0.5MPa 时打开进油阀 HV33 按规定量进油	4

续表

序号	考核内容		评分标准/分
3	停车操作	按实验要求降温，待反应器内温度降至实验要求后关计量泵电源，关进油阀、开置换阀使泵处于常压状态，放净产品罐内存油	4
		关导热油泵 P41 电源	3
		关装置总原料气阀，开急放阀，放净装置内气体	4
		将所有温控仪表回零后，依次关闭仪表电源、微机电源及装置总电源	4
4	事故处理	突然停电	20
		装置漏油、漏气	
		控制系统出现故障	
5	安全文明操作	每损坏一件仪器扣 5 分	15
		发生安全事故扣 20 分	
		乱倒（丢）废液、废纸扣 5 分	
		着装不规范扣 5 分	
	总分		100

任务三　维护与保养固定床反应器

学习目标

知识目标
1. 了解固定床反应器在操作过程中常见的事故。
2. 熟悉固定床反应器事故处理的方法。
3. 熟悉固定床反应器的维护要点。

能力目标
1. 能判断固定床反应器操作过程中的事故类别。
2. 面对突发的事故能用正确的处理方法及时处理。

素质目标
1. 增强团队协作能力。
2. 培养良好的职业素养。

任务介绍

固定床反应器常见的故障有温度偏高或者偏低、压力偏高或者偏低、进料管或者出料管被堵塞等等。某一个参数的变化往往会带来连锁反应，直接影响生产。因此，要及时对生产过程中出现的故障进行处理，并做好维护工作。

任务分析

在本次任务中，通过查阅相关资料，参加小组讨论交流、教师引导等活动，能总结反应器操作过程中常见的故障和维护要点，能根据事故现象判断事故发生的原因并及时处理事故。

相关知识点

知识点一　固定床反应器的安全保护装置

固定床反应器的安全保护装置主要包括防超压、防超温和防爆设施等；在进料和出料管线上均设有放空阀以防超压；在催化剂床层中设冷却副线以防超温；设置氮气吹扫管线，用于稀释保护，以防火灾和爆炸。

知识点二　常见故障及处理方法

固定床反应器常见的故障有温度偏高或者偏低、压力偏高或者偏低、进料管或者出料管被堵塞等等。当温度偏高时可以增大移热速率或减小供热速率，当温度偏低时可减小移热速率或增大供热速率；压力与温度关系密切，当压力偏高或者偏低时，可通过温度调节，或改变进出口阀开度，当压力超高时，打开固定床反应器前后放空阀；当加热剂阀或冷却剂阀卡住时，打开蒸汽或冷却水旁路阀；当进料管或出料管被堵塞时用蒸汽或者氮气吹扫等。

固定床反应器的常见故障、原因分析及操作处理方法如表 5-2 所示。

表 5-2　固定床催化反应器的常见故障及操作处理方法

序号	常见故障	原因分析及判断	操作处理方法
1	炉顶温度波动	燃料波动； 仪表失灵； 烟囱挡板滑动至炉膛负压波动； 蒸汽流量波动； 喷嘴局部堵塞； 炉管破裂（烟囱冒黑烟）	调节并稳定燃料供应压力； 检查仪表，切换手动； 调整挡板至正常位置； 调节并稳定流量； 清理堵塞的喷嘴后，重新点火； 按事故处理，不正常停车
2	一段反应器进口温度波动	物料量波动； 过热水蒸气波动； 仪表失灵	调整物料量； 调整并稳定水蒸气过热温度； 检修仪表，切换手动
3	反应器压力升高	催化剂床层阻力增加； 水蒸气流量加大； 进口管堵塞； 盐水冷凝器出口冻结	检查床层，催化剂烧结或粉碎，应限期更换； 调整流量； 停车清理，疏通管道； 调节或切断盐水解冻，严重时用水蒸气冲刷解冻
4	火焰突然熄灭	燃料气或燃料油压力下降； 燃料中含有大量水分； 喷嘴堵塞； 管道或过滤器堵塞	调整压力或按断燃料处理； 油储罐排水后重新点火； 疏通喷嘴； 清洗过滤器或管道
5	炉膛回火	烟囱挡板突然关闭； 熄火后，余气未抽净又点火； 炉膛温度偏低； 炉顶温度仪表失灵； 燃料带水严重	调节挡板开启角度并固定； 抽净余气，分析合格后，再点火； 提高炉膛温度； 检查仪表； 排净存水

知识点三　维护要点

固定床反应器的日常维护要点：正常巡检，发现跑、冒、滴、漏现象，及时处理；经常进行控制室与现场的调节阀位对比，确保调节的准确性和灵活性；保证原料气的净化度，严格控制工艺指标，以防催化剂失活；严格按照催化剂的装卸、活化和再生等操作规程操作。

一、生产期间维护

要严格控制各项工艺指标，防止超温、超压运行，循环气体应控制在最佳范围，应特别注意有毒气体含量不得超过指标。升、降温度及升、降压力速率应严格按规定执行。调节催化剂层温度，不能过猛，要注意防止气体倒流。定期检查设备各连接处及阀门管道等，消除跑、冒、滴、漏及振动等不正常现象。在操作、停车或充氮气期间均应检查壁温，严禁塔壁超温。运行期间不得进行修理工作，不许带压紧固螺栓，不得调整安全阀，按规定定期校验压力表。主螺栓应定期加润滑剂，其他螺栓和紧固件也应定期涂防腐油脂。

二、停车期间维护

无论短期停产还是长期停产，都需要进行以下维护：①检查和校验压力表；②用超声波检测壁厚仪器测定与容器相连接管道、管件的壁厚；③检查各紧固件有无松动现象；④检查塔外表面防腐层是否完好，对塔壁表面的锈蚀情况（深度、分布位置等），要绘制简图予以记录；⑤短期停产时，必须保持正压，防止空气流入烧坏催化剂；⑥长期停产时，还必须定期检修。

知识拓展

氨合成塔的日常维护和巡检

1. 日常维护内容

① 严格按照操作规程进行升降压、升降温、升降电流，严禁超温、超压运行。

② 调节塔的负荷、热点温度及压力时，操作不宜过猛，开关阀门应缓慢。

③ 严格控制各项工艺指标，循环气体成分、氢氮比、惰性气体含量、进口氨含量应控制在工艺指标规定范围内，有毒气体含量不得超过规定指标，严防催化剂中毒。

④ 启用电加热器前，应检查电加热器和调功器的绝缘，防止电炉丝短路或绝缘太低而烧坏电炉丝。

⑤ 操作、停车或充氮期间均应检查合成塔壁温并做记录，如有疑问时应核查，严禁塔壁超温。

⑥ 防止液氨带入合成塔而造成塔温急剧下降，导致内筒脱焊甚至严重损坏。

⑦ 定期对主螺栓和其他螺栓涂防腐油脂，并检查合成塔及管道保温有无损坏。

⑧ 及时消除跑、冒、滴、漏和不正常因素，暂时不能消除的又影响安全生产的问题应挂牌示意，待停车处理。

⑨ 检查各仪表的灵敏度和准确性。

⑩ 保持设备及周围环境整洁，做好文明生产。

⑪ 发现紧固件松动或爬梯、平台、护栏等设施破损及时加固、完善。

2. 日常巡检内容

① 按操作规程定时检查设备压力、温度等运行参数，并做好记录。

② 每班检查一次合成塔及阀门、管道、管架等，消除跑、冒、滴、漏和振动等不正常现象，运行状态中不能处理且不影响生产和安全的问题应挂牌提示，待停车检修时处理。

③ 检查筒塔多层包扎是否完好以及各部螺栓紧固情况，发现松动及时处理。

④ 检查设备各进出口管道有无振动、摩擦；平台、扶梯、栏杆是否牢固；及时清除不安全因素。

⑤ 检查保温、基础等完好情况。

巩固与提升

1. 什么是固定床反应器？其有什么特点？在实际中有哪些应用？
2. 固定床反应器分为哪几种类型？其结构有何特点？
3. 简述绝热式固定床反应器和换热式固定床反应器的特点，并举出应用实例。
4. 固定床反应器内的传热和传质有哪些特点？
5. 固定床反应器的操作要点有哪些？
6. 固定床反应器的日常维护与保养有哪些？

项目六　　流化床反应器

项目介绍

流化床反应器的早期应用为 20 世纪 20 年代出现的粉煤气化的温克勒炉，40 年代以后，以石油催化裂化为代表的现代流化技术开始迅速发展。目前，流化床反应器已在化工、石油、冶金、核工业等部门得到广泛应用。通过本项目的学习，能识别各类流化床反应器、描述其基本结构，解释流态化现象；能根据流化床反应器的操作参数要求，熟练进行流化床反应器的 DCS 操作及现场工业模拟操作；能正确维护流化床反应器。

 ## 任务一　认识流化床反应器

学习目标

知识目标
1. 了解流化床反应器在化学工业中的地位与作用。
2. 掌握流化床反应器的分类方法及特点。
3. 掌握固定床反应器的基本结构及作用。
4. 了解固体流态化。

能力目标
1. 能识别流化床反应器的结构。
2. 能熟练应用网络、文献资料自学流化床知识。
3. 能判断流化床反应器操作中常见的异常现象并处理。

素质目标
1. 培养良好的语言表达和文字表达能力。
2. 培养岗前需熟练掌握相关操作知识的良好意识。

任务介绍

流化床反应器在工作过程中有固体催化剂参与，且固体催化剂是处于流化状态。因此本任务是要了解并掌握流化床反应器的基本结构和部件，能够确定流化床内催化剂颗粒形成流化状态的条件要求。

> **任务分析**
>
> 在本次任务中，通过查阅相关资料，参加小组讨论交流、教师引导等活动，能理解反应器各装置的结构、特点及应用场合，根据生产任务正确识别流化床反应器及其附属装置。

> **相关知识点**

知识点一　流化床反应器介绍

利用流态化技术进行化学反应的装置称为流化床反应器。图 6-1 为清洁煤制气循环流化床装置。流化床反应器是化工生产中常用的一种反应器，主要针对一些有固体颗粒参与的化学反应。固体颗粒在化学反应中一般有两种性质：一种是作为一种反应物参与化学反应，例如硫铁矿的焙烧、氧化铁矿石的还原等；另外一种作为催化剂在反应中起催化作用，例如合成氨中的铁触反应，应用铁粉作为催化剂进行合成氨反应。无论是何种性质，这些固体颗粒都可以在流化床反应器中参与化学反应。流化床反应器为气固相反应提供了很好的传质和传热条件。

图 6-1　清洁煤制气循环流化床装置

一、流化床反应器的分类

流化床反应器多用于气固相反应，反应条件和物料的性质对流化床的结构和形式要求比较高，流化床反应器的种类、形式比较多，按不同的分类方法有不同的种类。

1. 按照固体颗粒是否在系统内循环分类

有单器流化床（又称非循环操作的流化床）和双器流化床（又称循环操作的流化床）两类。单器流化床在工业上应用最为广泛，如图 6-2 所示，多用于催化剂使用寿命较长的气固相催化反应过程，如乙烯氧氯化反应器、萘氧化反应器和乙烯氧化反应器等。

双器流化床多用于催化剂寿命较短且容易再生的气固相催化反应过程，如石油炼制工业中的催化裂化装置。其结构形式如图 6-3 所示。双器流化床由反应器和再生器两部分组成，两器以管道连通。固体催化剂在反应器中参与反应后进入再生器重整、再生。这样实现了催化剂的循环使用和连续操作。

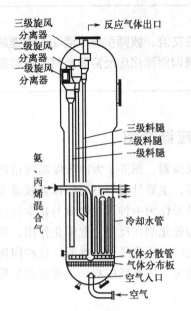
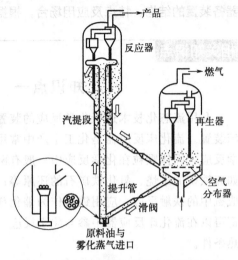

图 6-2 丙烯氨氧化流化床反应器（单器流化床）　　图 6-3 催化裂化反应装置（双器流化床）

2. 按照床层的外形分类

可分为圆筒形和圆锥形流化床，圆锥形流化床反应器如图 6-4 所示。圆筒形流化床反应器结构简单，制造容易，设备容积利用率高。圆锥形流化床反应器的结构比较复杂，制造比较困难，设备的利用率较低，但其截面自下而上逐渐扩大，也具有很多优点。圆锥形流化床的优点如下：

(1) 适用于催化剂粒度分布较宽的体系　由于床层底部速度大，较大颗粒也能流化，防止了分布板上的阻塞现象，上部速度低，减少了气流对细粒的带出，提高了小颗粒催化剂的利用率，也减轻了气固分离设备的负荷。在低速下操作的工艺过程可获得较好的流化质量。

(2) 加强底部传热的作用　床层底部的速度大，孔隙率也增加，使反应不致过分集中在底部，并且加强了底部的传热过程，故可减少底部过热和烧结现象。

(3) 适用于气体体积增大的反应过程　气泡在床层的上升过程中，随着静压的减少，体积相应增大。采用锥形床，选择一定的锥角，可满足这种气体体积增大的要求，使流化更趋平稳。

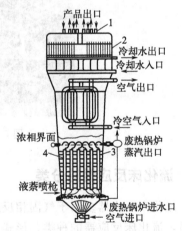

图 6-4 圆锥形流化床萘氧化反应器

3. 按照床层中是否设置有内部构件分类

可分为自由床和限制床。床层中设置内部构件的称为限制床，未设置内部构件的称为自由床。设置内部构件的目的在于增进气固接触，减少气体返混，改善气体停留时间分布，提高床层的稳定性，从而使高床层和高流速操作成为可能。许多流化床反应器都采用挡网、挡板等作为内部构件。

对于反应速度快、延长接触时间不至于产生严重副反应或对于产品要求不严的催化反应过程，则可采用自由床，如石油炼制工业的催化裂化反应器便是典型的一例。

4. 按照反应器内层数的多少分类

可分为单层和多层流化床。对气固相催化反应主要采用单层流化床。多层式流化床中，气流由下往上通过各段床层，流态化的固体颗粒则沿溢流管从上往下依次流过各层分布板。用于石灰石焙烧的多层式流化床的结构如图 6-5 所示。

5. 按反应器内是否为催化反应分类

分为气固相流化床催化反应器和气固相流化床非催化反应器两种。以一定的流动速度使固体催化剂颗粒呈悬浮湍动，并在催化剂作用下进行化学反应的设备是气固相流化床催化反应器，它是气固相催化反应常用的一种反应器。而在气固相流化床非催化反应器中，是原料直接与悬浮湍动的固体原料发生化学反应。

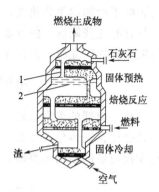

图 6-5 石灰石焙烧的多层式流化床示意图

二、流化床操作的优缺点

流化床内的固体粒子像流体一样运动，由于流态化的特殊运动形式，使这种反应器具有如下特点。

1. 优点

① 床层温度分布均匀。由于床层内流体和颗粒剧烈搅动混合，使床内温度均匀。由于传热效率高，床内温度均匀，特别适合于一些热效应较高的反应及热敏性材料。

② 流化床内的传热及传质速率很高。由于颗粒的剧烈运动，使两相间表面不断更新，因此床内的传热及传质速率高，这对于传热和传质速率控制的化学反应和物理过程是非常有用的，可大幅度地提高设备的生产强度，进行大规模生产。

③ 床层和金属器壁之间的传热系数大。由于固体颗粒的运动，使金属器壁与床层之间的传热系数大为增加，要比没有固体颗粒存在的情况下大数十倍乃至上百倍。因此便于向床内输入或取出热量，所需的传热面积却较小。

④ 流态化的颗粒流动平稳，类似液体，其操作可以实现连续、自动控制，并且容易处理。

⑤ 床与床之间颗粒可连续循环，这样使得大型反应器中生产的或需要的大量热量有传递的可能性。

⑥ 为小颗粒或粉末状物料的加工开辟了途径。

2. 缺点

由于颗粒处于运动状态，流体和颗粒的不断搅动，也给流化床带来一些缺点。

① 颗粒的返混现象使得在床内颗粒停留时间分布不均，因而影响产品质量。另一方面，由于颗粒的返混造成反应速度降低和副反应增加。

② 由于气泡的存在，床内气流不少以气泡状态流经床层，和固体接触不均匀，若气相是加工对象，也影响产品的均匀性和降低反应的转化率。

③ 颗粒流化时，相互碰撞，脆性固体材料易成粉末而为气体夹带，除尘要求高且损失严重。

④ 由于固体颗粒的磨损作用，管子和容器的磨损严重，设备质量要求高。

⑤ 不利于高温操作，由于流态化要求颗粒必须是固态，高温下颗粒易于聚集和黏结，从而影响了产物的生成速度，因而不能在高温下操作。

尽管有这些缺点，但流态化的优点是不可比拟的。并且由于对这些缺点的充分认识，可以借助结构加以克服，因而流态化得到了越来越广泛的应用。

知识点二　流化床反应器的结构

流化反应器的类型比较多，每一类型反应器都有自己特有的结构，但多数反应器的结构都包括壳体、气体分布装置、内部构件、换热装置、气固分离装置。如图6-6为单器和双器流化床反应器的结构示意图。

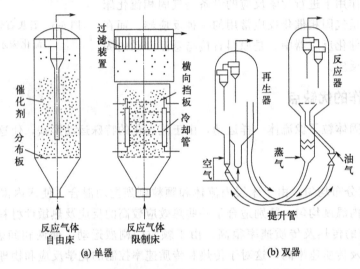

图6-6　单器和双器流化床反应器的结构示意图

一、壳体

壳体是流化床反应器的主体部分，一般由耐磨性强的不锈钢做成。为了抵抗固体小颗粒的磨蚀，有些反应器里面内衬高耐磨性材料。壳体的下部开有气体入口，上部开有气体出口，侧面开有固相入口和出口。另外，为了除尽残留的固体颗粒，有些反应器在顶部开有空气吹净入口。壳体按床层中的介质密度分布分为浓相段（有效体积）和稀相段，底部设有锥底，有些流化床的上部还设有扩大段，用以增强固体颗粒的沉降。

二、气体分布装置

流化床的气体分布板是保证流化床具有良好而稳定流态化的重要构件，它应该满足下列基本要求。

① 具有均匀分布气流的作用，同时其压降要小。这可以通过正确选取分布板的开孔率以及选取适当的预分布手段来达到。

② 能使流化床有一个良好的起始流态化状态，避免形成"死角"。气体流出分布板的一瞬间的流型和湍动程度，从结构和操作参数上予以保证。

③ 操作过程中不易被堵塞和磨蚀。

分布板对整个流化床的直接作用范围仅 0.2~0.3m，然而它对整个床层的流态化状态却具有决定性的影响。在生产过程中，常会由于分布板设计不合理，气体分布不均匀，造成沟流和死区等异常现象。

气体分布装置位于反应器底部，有两部分：气体预分布器和气体分布板两部分。其作用是使气体均匀分布，以形成良好的初始流化条件，同时支撑固体催化剂颗粒。

气体预分布器通常是一个倒锥形的气室，气体自侧向进入气体预分布器，在气室内进行粗略的重整。常用的气体预分布器的结构有三种：充填式预分布器、开口式预分布器、弯管式预分布器。

气体分布板位于预分布器的上部，气体在预分布器里粗略地重整后进入气体分布板。气体分布板进一步把气体分布均匀，使气体形成一个良好的起始流化状态，创造一个良好的气固相接触条件。工业生产用的气体分布板的形式很多，主要有密孔板，直流式、侧流式和填充式分布板，旋流式喷嘴和短管式分布板、多管式气流分布器等，每种形式又有各种不同结构。

密孔板又称烧结板，被认为是气体分布均匀、初生气泡细小、流态化质量最好的一种分布板。但因其易被堵塞，并且堵塞后不易排出，加上造价较高，所以在工业中使用较少。

直流式分布板结构简单，易于设计制造。但气流方向正对床层，易使床层形成沟流，小孔易于堵塞，停车时又易漏料。所以除特殊情况外，一般不使用直流式分布板。图 6-7 所示的是三种结构的直流式分布板。

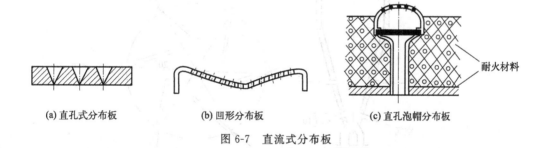

(a) 直孔式分布板　　(b) 凹形分布板　　(c) 直孔泡帽分布板

图 6-7　直流式分布板

填充式分布板是在多孔板（或栅板）和金属丝网上间隔地铺上卵石、石英砂、卵石，再用金属丝网压紧，如图 6-8 所示。其结构简单，制造容易，并能达到均匀布气的要求，流态化质量较好。但在操作过程中，固体颗粒一旦进入填充层就很难被吹出，容易造成烧结。另外经过长期使用后，填充层常有松动，造成移位，降低了布气的均匀程度。

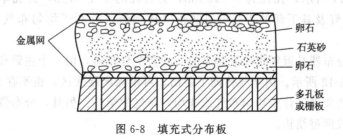

图 6-8　填充式分布板

侧流式分布板如图 6-9 所示，它是在分布板孔中装有锥形风帽，气流从锥形风帽底部的侧缝或锥形风帽四周的侧孔流出，是应用较广、效果较好的一种分布板。其中锥形侧缝分布板应用最广，其优点是气流经过中心管，然后从锥形风帽底边侧缝逸出，减少了孔眼堵塞和漏料，加强了料面的搅拌，气体沿板面流出形成"气垫"，不致使板面温度过高，避免了直孔式的缺点。锥形风帽顶部的倾斜角度大于颗粒的堆积角，不致使颗粒贴在锥形风帽顶部形成死角，并在三个锥形风帽之间又能形成一个小锥形床，这样多个锥形体有利于流化质量的改善。

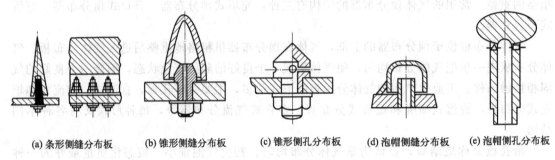

(a) 条形侧缝分布板　(b) 锥形侧缝分布板　(c) 锥形侧孔分布板　(d) 泡帽侧缝分布板　(e) 泡帽侧孔分布板

图 6-9　侧流式分布板

无分布板的旋流式喷嘴如图 6-10 所示。气体通过六个方向上倾斜 10°的喷嘴喷出，托起颗粒，使颗粒激烈搅动。中部的二次空气喷嘴均偏离径向 20°~25°，造成向上旋转的气流，这种流态化方式一般应用于对气体产品要求不严的粗粒流态化床中。

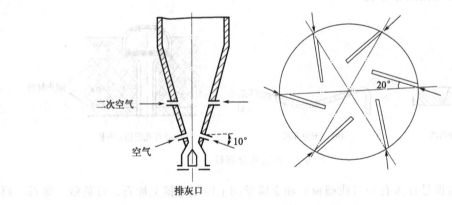

图 6-10　无分布板的旋流式喷嘴

短管式分布板是在整个分布板上均匀设置若干根短管，每根短管下部有一个气体流入的小孔，如图 6-11 所示，孔径为 9~10mm，为管径的 1/4~1/3，开孔率约 0.2%。短管长约 200mm。短管及其下部的小孔可以防止气体涡流，有利于均匀布气，使流化床操作稳定。

多管式气流分布器是近年来发展起来的一种新型分布器，由一个主管和若干带喷射管的支管组成，如图 6-12 所示。由于气体向下射出，可消除床层死区，也不存在固体泄漏问题，并且可以根据工艺要求设计成均匀布气或非均匀布气的结构。另外，分布器本身不同时支撑床层质量，可做成薄型结构。

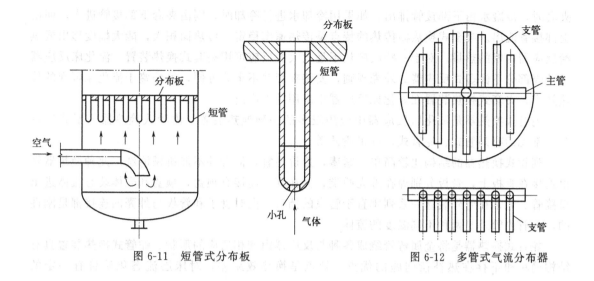

图 6-11　短管式分布板　　　　　　图 6-12　多管式气流分布器

三、内部构件

为了破碎气体在床层中产生的大气泡,增大气固相间的接触面积以提高反应速率和转化率,流化床反应器往往设置一些内部构件。这些内部构件包括挡网、挡板和填充物等。挡网网眼通常为 15mm×15mm 或 25mm×25mm,网丝直径为 3~5mm。挡板有两种形式,即单旋挡板和多旋挡板,如图 6-13 和图 6-14 所示。单旋挡板指使气体沿一个方向旋转的挡板,这种挡板结构简单,加工方便,但缺点是颗粒在床层中分布不均匀;多旋挡板会使气体有不同的旋转方向,气体和固体的接触更完全,颗粒分布更均匀。但缺点是结构复杂,加工不方便。

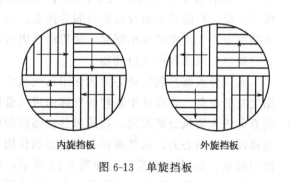

图 6-13　单旋挡板

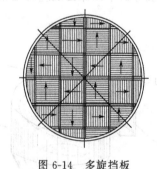

图 6-14　多旋挡板

四、换热装置

利用流化床反应器进行工业生产的特点之一是物料在反应器内传热速率大、温度相对均匀,所以对于同样的反应,流化床反应器所需的换热装置要比固定床反应器中的换热装置小得多。但为了更好地为反应移出或供给热量,进一步维持反应器中的温度均匀,流化床反应器多采用换热装置。常用的换热装置有两种:夹套式换热器和内管式换热器。

夹套式换热器是指在流化床反应器主体部分焊接或安装一夹套层,这样便在夹套与器壁之间形成一层密闭的空间,冷热流体通过此空间加热或冷却反应器。当蒸汽由上部接管进入夹套时，冷凝水由下部接管排出。如果用冷却水进行冷却时，则由夹套下部接管进入，而由上部接管流出。夹套式换热器传热的特点是传热速率稳定，传热面积大，能大幅度移出或供给反应器内壁的热量。对于一些反应热不是太大的反应可用夹套式换热装置。流化床反应器的外壳部分不像釜式反应器的外壳规则，安装夹套并不十分方便，另外鉴于流化床可观的传热效率，夹套式换热装置在流化床反应器中应用并不广泛。

内管式换热器是流化床反应器中应用较多的一种换热装置。内管式换热器的形式比较多，常见的有列管式、蛇管式、U形管式等。

列管式换热器的结构比较简单、紧凑，造价便宜，但管外不能机械清洗。此种换热器管束连接在管板上，管板分别焊在外壳两端，并在其上连接有顶盖，顶盖和壳体装有流体进出口接管。通常在管外装置一系列垂直于管束的挡板。同时管子和管板与外壳的连接都是刚性的，而管内管外是两种不同温度的流体。

蛇管式换热器是将金属弯管绕成各种与反应器内壁相适应的形状。蛇管式换热装置具有结构简单和不存在热补偿问题的优点，缺点是换热效果差，对床层流态化质量有一定的影响。

U形管式换热器，每根管子都弯成U形，两端固定在同一块管板上，每根管子皆可自由伸缩，从而解决热补偿问题。管程至少为两程，管束可以抽出清洗，管子可以自由膨胀。其缺点是管子内壁清洗困难，管子更换困难，管板上排列的管子少。优点是结构简单，质量轻，对催化剂损害小。

五、气固分离装置

在流化床反应器中一般发生的是气固相反应。在流化床反应器的上部（即稀相段），细小的颗粒会被气体带出反应器。如果固体颗粒是催化剂，会造成催化剂损失，必须把催化剂返送到反应器中以保证反应的正常进行。另外，颗粒被上升气流带出还会影响产品的纯度。所以在反应器的顶部通常设置气固分离器，以分离掺杂在上升气流中的细小颗粒。常用的气固分离装置有旋风分离器和内置过滤器。

旋风分离器是利用离心力的作用从气流中分离出尘粒的设备。含有细小颗粒的气体由进气管沿切线方向进入旋风分离器内，在旋风分离器内做螺旋运动而产生向心力，这些颗粒在离心力的作用下被抛向器壁。旋风分离器结构如图6-15所示，主体的上部为圆筒形，下部为圆锥形。含有细小颗粒的气体由圆筒上部的进气管切向进入，受器壁的约束而向下做螺旋运动。在惯性离心力作用下，细小颗粒被抛向器壁而与气流分离，再沿壁面落至锥底的排灰口。净化后的气体在中心轴附近由下而上做螺旋运动，最后由顶部排气管排出。通常，把下行的螺旋形气流称为外旋流，上行的螺旋形气流称为内旋流（又称气芯）。内、外旋流气体的旋转方向相同。外旋流的上部是主要除尘区。旋风分离器内的

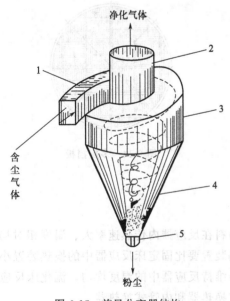

图6-15 旋风分离器结构
1—进气管；2—排气管；3—圆柱体；
4—圆锥体；5—粉尘排出口

静压强在器壁附近最高,仅稍低于气体进口处的压强,往中心逐渐降低,在气芯处可降至气体出口压强以下。旋风分离器内的低压气芯由排气管入口一直延伸到底部出灰口。因此,如果出灰口或集尘室密封不良,便易漏入气体,把已收集在锥形底部的粉尘重新卷起,严重降低分离效果。旋风分离器的应用已有近百年的历史,因其结构简单,造价低廉,没有活动部件,可用多种材料制造,操作条件范围宽广,分离效率较高,所以至今仍是化工、采矿、冶金、机械、轻工等工业部门里最常用的一种除尘、分离设备。旋风分离器一般用来除去气流中直径在 $5\mu m$ 以上的尘粒。对颗粒含量高于 $200g/m^3$ 的气体,由于颗粒聚结作用,它甚至能除去 $3\mu m$ 以下的颗粒。旋风分离器还可以从气流中分离出雾沫。对于直径在 $200\mu m$ 以上的粗大颗粒,最好先用重力沉降法除去,以减少颗粒对分离器器壁的磨损,对于直径在 $5\mu m$ 以下的颗粒,旋风分离器的分离效率不高,一般用内置过滤器。

内置过滤器也是流化床常采用的气固分离装置,位于反应器顶部的内置过滤器由一束竖直的管子构成,这些管子可以是素烧瓷管、开孔金属管或金属丝网管等。在管子的外面包扎数层玻璃纤维布。含有细小颗粒的气体通过玻璃纤维布时,由于玻璃纤维布的微孔只能允许气体分子通过而将绝大部分的固体阻拦下来,从而达到气固分离的目的。相比于旋风分离器,内置过滤器的优点是可以分离更细更小的固体颗粒,直径在 $5\mu m$ 以下的细粒和粉尘多用内置过滤器分离。不过随着过滤的不断进行,附在内管表面的颗粒不断增多,部分堵塞玻璃纤维布的微孔,导致气体阻力变大。解决这种现象的方法是定期对内管进行反吹,以清除表面的颗粒。

知识点三 流化床反应器中流体的流动

流体以一定的流速通过固体颗粒组成的床层时,将大量固体颗粒悬浮于运动的流体之中,从而使颗粒具有类似于流体的某些表观特性,这种流固接触状态称为固体流态化。利用这种流体与固体间的接触方式实现生产过程的操作,称为流态化技术。

流态化技术是一种强化流体(气体或液体)与固体颗粒间相互作用的操作技术,可连续操作,强化生产,简化过程,在化工、能源、冶金等行业有着广泛的应用。例如煤炭的气化与焦化、石油裂解、冶金、环保等领域,而且其应用领域还在不断扩大。

一、流化床的不同阶段

图 6-16 给出了不同流速时的床层的变化,设有一圆筒形容器,下部装有一块流体分布板,分布板上堆积固体颗粒,当一种流体从自底至顶以不同的速度通过反应器中的颗粒床层时,固体颗粒在流体中呈现出不同的状态,根据流体流速的大小,有以下几种情况。

1. 固定床阶段

当流体的速度较低时,固体颗粒静止不动,床层的孔隙率及高度都不变,流体只能穿过静止颗粒之间的空隙而流动,颗粒床层不随流体的运动而运动,保持固定状态,这种情况称为固定床阶段。

2. 流化床阶段

(1)临界流化床 当流体的流速增大到一定程度后,颗粒床层开始松动,床层中的颗粒发生相对运动,床层开始膨胀。当流速继续增大时,床层膨胀程度加大,直至床层中的全部颗粒恰好悬浮在流动的流体中(颗粒本身的重力与流体和颗粒之间的摩擦力相等)。但颗粒还不能自由地运动,这种情况称为临界流化床阶段,此时流体的速度称为临界流化速度。

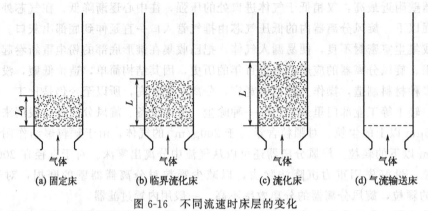

图 6-16 不同流速时床层的变化

(2) 流化床 当流体的流速超过临界流化速度,这时反应器中的全部颗粒刚好悬浮在向上流动的流体中而能做随机的运动。流速增大,床层高度随之升高,这种床层称为流化床。

3. 输送床阶段

当流体的流速进一步增大到某一极限值时,流化床上界面消失,固体颗粒不再自由运动,而是分散悬浮在气流中,被流体从反应器中带出,这种情况称为输送床阶段。

二、流态化操作类型

流态化操作有多种分类方法,不同的分类方法流化床种类也不一样。

1. 以流化介质分

可以分为气固流化床、液固流化床、三相流化床。

(1) 气固流化床 以气体为流化介质。目前应用最为广泛,如各种气固相反应、物料干燥等。

(2) 液固流化床 以液体为流化介质。这类床问世较早,但不如前者应用广泛。多见于流态化浸取和洗涤、湿法冶金等。

(3) 三相流化床 以气、液两种流体为流化介质。这种床型自二十世纪七十年代有报道以来发展很快,在化工和生物化工领域中有较好的应用前景。

2. 以流态化状态分

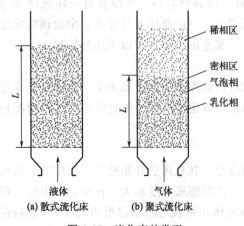

图 6-17 流化床的类型

可以分为散式流态化和聚式流态化。使用的流化床如图 6-17 所示。

(1) 散式流态化 当流体以足够大的流速流经固体颗粒时,固体颗粒在流体中均匀地、平稳地膨胀,形成一种稳定的、波动小的、均匀的床层。这种流化态称为散式流化态。散式流化态有以下特点:①在流化过程中有一个明显的临界流态化点和临界流化速度;②流化床层的压降为一常数;③床层有一个平稳的上界面;④流体流速增大时,也看不到明显的鼓泡或不均匀现象。通常,两相密度差小的系统趋向形成散式流化,故大多数的液固流化为散式流化。

(2) 聚式流态化　当流体为气体时，以超过临界流化速度经过固体颗粒床层时，有一部分气体以气泡形式通过床层，气泡在上升的过程中不断聚集，引起整个床层的波动。上升的气泡把部分颗粒带至床面，气泡随之破裂。整个流化床由于不断有气泡产生和破裂，床层并不稳定，颗粒也不均匀。这种流化态称为聚式流化态。聚式流态化的特点是：当流速大于临界流化速度后，流体不是均匀地流过颗粒床层，一部分流体不与固体混合就短路流过床层。如气固系统，气体以气泡形式流过床层，气泡在床层中上升和聚并，引起床层的波动。聚式流化床大多是气固流化床。

(3) 两种流态化的判别　一般认为液固流态化为散式流态化，而气固之间的流化状态多为聚式流态化。但是容重较小的液体和容重较大的固体之间发生流化现象时，有可能出现聚式流化现象。另外，高压下的气固之间流化时，有可能出现散式流化现象。因此准确判别流体与固体颗粒之间发生的流化现象时，该流化现象属散式流态化还是聚式流态化是至关重要的。研究表明，可用下列四个无量纲数的乘积来表征流化形态：

$$Fr_{mf} Re_{mf} \frac{\rho_P - \rho}{\rho} \times \frac{L_{mf}}{D_e} < 100 \quad 散式流态化 \tag{6-1}$$

$$Fr_{mf} Re_{mf} \frac{\rho_P - \rho}{\rho} \times \frac{L_{mf}}{D_e} > 100 \quad 聚式流态化 \tag{6-2}$$

式中，弗鲁特数：$Fr_{mf} = \frac{u_{mf}^2}{d_p g}$；雷诺数：$Re_{mf} = \frac{d_p u_{mf} \rho}{\mu}$；$u_{mf}$ 为初始流化速度；d_p 为颗粒平均粒径；ρ、ρ_p 分别为流体密度和颗粒密度；L_{mf} 为初始流化时的浓相段床高；D_e 为流体的扩散系数；μ 为流体黏度。

三、流化床的压降与流速

1. 理想流化床的压降与流速

当气体通过固体颗粒床层时，随着气速的改变，分别经历固定床、流化床和气流输送床三个阶段。这三个阶段具有不同的规律，从不同气速对床层压力降的影响可以明显地看出其中的规律性。

固定床阶段，流体流速较低，床层静止不动，气体从颗粒间的缝隙中流过。随着流速的增加，流体通过床层的摩擦阻力也随之增大，即压降 Δp 随着流速 u 的增加而增加，如图 6-18 中的 AB 段。

流化床阶段，流速继续增大（超过 D 点时），颗粒开始悬浮在流体中自由运动，床层随流速的增加而不断膨胀，也就是床层孔隙率 ε 随之增大，但床层的压降却保持不变，如图 6-18 中的 DE 段所示。原因是从临界点后继续增大流速，孔隙率 ε 也随之增大，导致床层高度 L 增加，但 $L(1-\varepsilon)$ 却不变。所以 Δp 保持不变。

流体输送阶段，当流速进一步增大到某一数值时，床层上界面消失，颗粒被流体带走而进入流体输送阶段。流体的压降与流体在空管

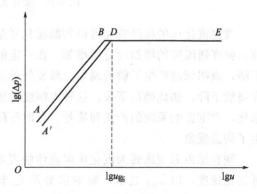

图 6-18　流化床压降-流速关系

道中相似。对已经流化的床层，如将气速减小，则 Δp 将沿 ED 线返回到 D 点，固体颗粒开始互相接触而又成为静止的固定床。但继续降低流速，压降不再沿 DB、BA 线变化，而是沿 DA' 线下降。原因是床层经过流化后重新落下，孔隙率比原来增大，压降减少。

床层初始流化状态下，床层的受力情况可以分析如下：

$$重力（向下）= L_{mf}A(1-\varepsilon_{mf})\rho_s g$$
$$浮力（向上）= L_{mf}A(1-\varepsilon_{mf})\rho_f g$$
$$阻力（向上）= A\Delta p$$

开始流化时，向上和向下的力平衡，

$$L_{mf}A(1-\varepsilon_{mf})\rho_s g = L_{mf}A(1-\varepsilon_{mf})\rho_f g + A\Delta p$$

床层压降：

$$\Delta p = L_{mf}(1-\varepsilon_{mf})(\rho_s-\rho_f)g \tag{6-3}$$

式中，L_{mf} 为开始流化时的床层高度，m；ε_{mf} 为床层孔隙率；A 为床层截面积，m^2；ρ_s 为催化剂的表观密度，kg/m^3；Δp 为床层压降，Pa。

在气固系统中，密度相差较大，可以简化为单位面积床层的质量，即

$$\Delta p = L(1-\varepsilon)\rho_s g = W/A \tag{6-4}$$

2. 实际流化床的压降与流速

通过压降与流速关系图，可以分析实际流化床与理想流化床的差异，了解床层的流化质量。实际流化床的 $\Delta p\text{-}u$ 关系较为复杂，图 6-19 就是某一实际流化床的 $\Delta p\text{-}u$ 关系图。由图中看出，在固定床区域 AB 与流化床区域 DE 之间有一个"驼峰"。一旦颗粒松动到使颗粒刚能悬浮时，即下降到水平位置。另外，实际中流体的少量能量消耗于颗粒之间的碰撞和摩擦，使水平线略微向上倾斜。上下两条虚线表示压降的波动范围。

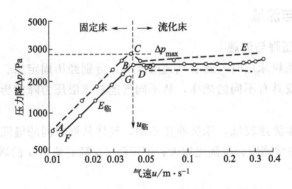

图 6-19 实际流化床 $\Delta p\text{-}u$ 关系图

观察流化床的压降变化可以判断流化质量。正常操作时，压力降的波动幅度一般较小，波动幅度随流速的增加而有所增加。在一定的流速下，如果发现压降突然增加，而后又突然下降，表明床层产生了腾涌现象。形成气栓时压降直线上升，气栓达到表面时料面崩裂，压降突然下降，如此循环下去。这种大幅度的压降波动破坏了床层的均匀性，使气固接触显著恶化，严重影响系统的产量和质量。有时压降比正常操作时低，说明气体形成短路，床层产生了沟流现象。

颗粒层由固定床转为流化床时流体的表观速度、临界流化速度，也称起始流化速度、最低流化速度，以 u_{mf} 表示。影响临界流化速度的因素主要有颗粒直径、颗粒密度、流体黏度。

实际操作速度常取临界流化速度的倍数(又称流化数)来表示。临界流化速度对流化床的研究、计算与操作都是一个重要参数,确定其大小是很有必要的。确定临界流化速度最好是用实验测定,也可用公式计算。

达到临界点时,床层的压降 Δp 既符合固定床的规律,同时又符合流化床的规律,即此点固定床的压降等于流化床的压降。均匀粒度颗粒的固定床压降可用埃冈(Ergun)方程表示:

$$\frac{\Delta p}{L} = 150 \frac{(1-\varepsilon_{mf})^2}{\varepsilon_{mf}^3} \times \frac{\mu_f u_0}{(\phi_s d_p)^2} + 1.75 \frac{(1-\varepsilon_{mf})}{\varepsilon_{mf}^3} \frac{\rho_f u_0^2}{\phi_s d_p} \tag{6-5}$$

式中,u_0 为气体表观速度,m/s;ϕ_s 为形状系数。

如果将式(6-5)与式(6-3)等同起来,可以导出下式:

$$\frac{1.75}{\phi_s \varepsilon_{mf}^3}\left(\frac{d_p u_{mf} \rho_f}{\mu_f}\right)^2 + \frac{150(1-\varepsilon_{mf})}{\phi_s^2 \varepsilon_{mf}^3} \times \frac{d_p u_{mf} \rho_f}{\mu_f} = \frac{d_p^3 \rho_f (\rho_p - \rho_f) g}{\mu_f^2} \tag{6-6}$$

对于小颗粒,式(6-6)左侧第一项可以忽略,故得

$$u_{mf} = \frac{(\phi_s d_p)^2}{150} \times \frac{(\rho_p - \rho_f) g}{\mu_f} \times \frac{\varepsilon_{mf}^3}{1-\varepsilon_{mf}} (Re < 20) \tag{6-7}$$

对于大颗粒,式(6-6)左侧第二项可忽略,得到

$$u_{mf}^2 = \frac{\phi_s d_p}{1.75} \times \frac{(\rho_p - \rho_f)}{\rho_f} g \varepsilon_{mf}^3 (Re > 1000) \tag{6-8}$$

如果 ε_{mf} 和(或)ϕ_s 未知,可近似取

$$\frac{1}{\phi_s \varepsilon_{mf}^3} \approx 14 \quad \text{及} \quad \frac{1-\varepsilon_{mf}}{\phi_s^2 \varepsilon_{mf}^3} \approx 11$$

代入式(6-6)后即得到全部雷诺数范围的计算式:

$$\frac{d_p u_{mf} \rho}{\mu} = \left[(33.7)^2 + 0.0408 \frac{d_p^3 \rho (\rho_p - \rho) g}{\mu^2}\right]^{\frac{1}{2}} - 33.7 \tag{6-9}$$

对于小颗粒

$$u_{mf} = \frac{d_p^2 (\rho_p - \rho)}{1650 \mu} g \quad (Re_p < 20) \tag{6-10}$$

对于大颗粒

$$u_{mf}^2 = \frac{d_p (\rho_p - \rho)}{24.5 \rho} g \quad (Re_p > 1000) \tag{6-11}$$

采用上述各式计算时,应将所得 u_{mf} 值代入 $Re_p = d_p u_{mf} \rho_f / \mu_f$ 中,检验是否符合规定的范围。如果不相符,应重新选择公式计算。

另一便于应用而又较准确的公式是:

$$u_{mf} = 0.695 \frac{d_p^{1.82} (\rho_p - \rho)^{0.94}}{\mu^{0.88} \rho^{0.06}} (\text{cm/s}) \tag{6-12}$$

式(6-12)适用于 $Re_p < 10$ 即较细颗粒。如 $Re_p > 10$,即则需再乘以图 6-20 中的校正系数。

由式(6-12)可以看出,影响临界流化速度的因素有颗粒直径、颗粒密度、流体黏度等。实际生产中,流化床内的固体颗粒总是存在一定的粒度分布,形状也各不相同,因此在计算临界流化速度时要采用当量直径和平均形状系数。另外,大而均匀的颗粒在流化时流动性差,容易发生腾涌现象,加剧颗粒、设备和管道的磨损,操作的气速范围也很狭窄。在大

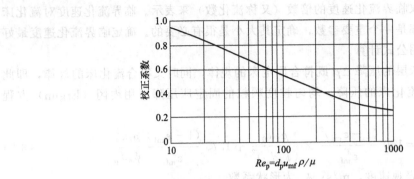

图 6-20　$Re_p > 10$ 时的校正系数

颗粒床层中添加适量的细粉有利于改善流化质量，但受细粉回收率的限制，不宜添加过多。

平均颗粒直径可以根据实际测得的筛分组成计算，筛分组成是指各种不同直径的颗粒组成按质量分数计。

颗粒带出速度 u_t 是流化床中流体速度的上限，也就是气速增大到此值时流体对粒子的曳力与粒子的重力相等，粒子将被气流带走。这一带出速度，或称终端速度，近似地等于粒子的自由沉降速度。颗粒在流体中沉降时，受到重力、流体的浮力和流体与颗粒间摩擦力的作用。对球形颗粒等速沉降时，可得出下式：

$$\frac{\pi}{6}d_p^3\rho_p = \xi_D \frac{\pi}{4}d_p^2 \frac{u_t^2 \rho_f}{2g} + \frac{\pi}{6}d_p^3 \rho_f \tag{6-13}$$

整理后得

$$u_t = \left[\frac{4}{3}\frac{d_p(\rho_p - \rho_f)g}{\rho_f \xi_D}\right]^{1/2} \tag{6-14}$$

式中，ξ_D 为阻力系数，是 $Re_t = d_p u_t \rho_f / \mu_f$ 的函数。对球形粒子：

$$\xi_D = 24/Re_t \quad (Re_t < 0.4)$$
$$\xi_D = 10/(Re_t)^{1/2} \quad (0.4 < Re_t < 500)$$
$$\xi_D = 0.43 \quad (500 < Re_t < 2 \times 10^5)$$

分别代入 (6-14)，得

$$u_t = \frac{d_p^2(\rho_p - \rho)g}{18\mu}(Re_t < 0.4) \tag{6-15}$$

$$u_t = \left[\frac{4}{225}\frac{(\rho_p - \rho)^2 g^2}{\rho \mu}\right]^{\frac{1}{3}} d_p (0.4 < Re_t < 500) \tag{6-16}$$

$$u_t = \left[\frac{3.1 d_p(\rho_p - \rho_f)g}{\rho_f}\right]^{1/2}(500 < Re_t < 2 \times 10^5) \tag{6-17}$$

采用上列诸式计算的 u_t 也需再代入 Re_t 中以检验其范围是否相符。

对于非球形粒子，ξ_D 可用非对应的经验公式计算，或者查阅相应的图表。但在查阅中应特别注意适用的范围。

采用上面的公式还可以考察颗粒大小对流化范围的影响。

对细粒子，当 $Re_t < 0.4$ 时：

$$\frac{u_t}{u_{mf}} = \frac{式(6-15)}{式(6-10)} = 91.6$$

对大颗粒，当 $Re_t > 1000$ 时：

$$\frac{u_t}{u_{mf}} = \frac{式(6-17)}{式(6-11)} = 8.72$$

可见 u_t/u_{mf} 的范围在 10~90 之间，颗粒越细，比值越大，即表示从能够流化起来到带走为止的这一范围就越广，这说明了为什么在流化床中用细的粒子比较适宜。

3. 实际流化床与理想流化床形成差异的原因

差异形成的原因是固定床阶段，颗粒之间由于相互接触，部分颗粒可能有架桥、嵌接等情况，造成开始流化时需要大于理论值的推动力才能使床层松动，即形成较大的压降。

观察流化床的压降变化可以判断流化质量。如正常操作时，压降的波动幅度一般较小，波动幅度随流速的增加而有所增加。在一定的流速下，如果发现压降突然增加，而后又突然下降，表明床层产生了腾涌现象。形成气栓时压降直线上升，气栓达到表面时料面崩裂，压降突然下降，如此循环下去。这种大幅度的压降波动破坏了床层的均匀性，使气固接触显著恶化，严重影响系统的产量和质量。有时压降比正常操作时低，说明气体形成短路，床层产生沟流现象。

实际生产中，流化气速（操作气速）是根据具体情况确定的。流化数 u/u_{mf} 一般在 1.5~10 的范围内，也有高达几十甚至几百的。另外也有按 $u/u_t = 0.1 \sim 0.4$ 来选取的。通常采用的气速为 0.15~0.5m/s。对热效应不大、反应速率慢、催化剂粒度小、筛分宽、床内无内部构件和要求催化剂带出量少的情况，宜选用较低气速。反之，则宜用较高的气速。

四、流化床中的气泡及其行为

流化床中气体和颗粒在床内的混合是不均匀的。

气体经分布板进入床层后，一部分与固体颗粒混合构成乳化相，另一部分不与固体颗粒混合而以气泡状态在床层中上升，这部分气体构成气泡相。气泡在上升中，因聚并和膨胀而增大，同时不断与乳化相间进行质量交换，即将反应物组分传递到乳化相中，使其在催化剂上进行反应，又将反应生成的产物传到气泡相中来，可见其行为是影响反应结果的一个决定性因素。根据研究，不受干扰的单个气泡的顶部呈球形，底部略微内凹。随着气泡的上升，由于尾部区域的压力较周围低，将部分颗粒吸入，形成局部涡流，这一区域称为尾涡。气泡上升过程中，一部分颗粒不断离开这一区域，另一部分颗粒又补充进来，这样就把床层下部的粒子夹带上去而促进了全床颗粒的循环与混合。图 6-21 中还绘出了气泡周围颗粒和气体的流动情况。在气泡较小、气泡上升速度低于乳化相中气速时，乳相中的气流可穿过气泡上流，但当气泡大到其上升速度超过乳化相中的气速时，就会有部分气体从气泡顶部沿气泡周边下降，再循环回气泡内，在气泡外形成了一层不与乳化相气流相混合的区域，即气泡晕。气泡晕与尾涡都在气泡之外且随气泡一起上升，其中所含颗粒浓度与乳化相中几乎都是相同的。

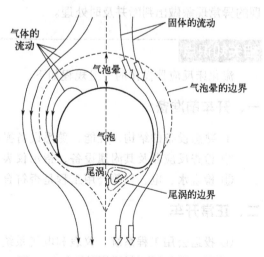

图 6-21 气泡及其周围气体与颗粒运动情况

任务二　流化床反应器的操作与控制

> **学习目标**

知识目标

1. 掌握流化床反应器操作的一般规程。
2. 以生产高抗冲击共聚物的工艺本体聚合装置为例，进行气固相流化床非催化反应器的仿真操作。
3. 熟悉煤热解制半焦的实验评价装置。
4. 熟悉煤热解制半焦的原理和工艺。

能力目标

1. 能正确完成流化床反应器的开车、正常停车和事故处理。
2. 能判断反应器操作过程中出现的异常现象并及时处理。

素质目标

1. 培养严谨和实事求是的工作态度。
2. 培养成本意识、环保意识。

> **任务介绍**

流化床反应器是工业上应用较广泛的一类反应器，适用于催化或非催化的气固、液固等反应系统，本任务主要介绍了高抗冲击共聚物的工艺本体聚合气固相流化床非催化反应器的仿真操作和煤制焦炭实训操作。

> **任务分析**

在本次任务中，通过查阅相关资料，参加小组讨论交流、教师引导等活动，掌握流化床反应器工艺仿真过程，熟悉煤热解制半焦的实验评价装置，对反应器进行开停车操作，对出现的异常现象做出判断并及时处理。

> **相关知识点**

流化床反应器操作的一般规程如下。

一、开车前准备

① 熟悉设备的结构、性能，熟悉设备操作规程。
② 检查反应器及其附属设备、指示仪表、管路及阀门等是否符合安全要求。
③ 检查水、电、气等公用工程是否符合要求。

二、正常开车

① 投运公用工程系统、仪表和电气系统。
② 通入氮气置换反应系统。

③ 按工艺要求先对床层升温到合适温度，进行催化剂的活化。
④ 用被间接加热的空气（或氮气）加热反应器，以便赶走反应器内的湿气。
⑤ 用热空气（或氮气）将催化剂由贮罐输送到反应器。
⑥ 当催化剂颗粒封住一级旋风分离器料腿时，从反应器底部通热空气（或氮气），速率略大于流化临界速率，催化剂量继续加到规定量的 1/2～2/3，停止输送催化剂。
⑦ 适当加大流态化热风，继续加热床层。
⑧ 当床温达到可以投料反应的温度时，开始投料，调整换热系统。
⑨ 当反应和换热系统都调整到正常的操作状态后，再逐步将未加入的 1/2～1/3 催化剂送入床内，并逐渐把反应操作调整到要求的工艺状况。
⑩ 反应运行中，随时做好相应记录，发现异常现象时及时采取措施。

三、正常停车

① 减负荷，关小原料气量，调节换热系统。
② 关闭原料气，打开放空系统，改通氮气，充氮气。
③ 钝化催化剂，降温，卸催化剂，并转移到贮罐。
④ 关闭各种阀门、仪表、电源。

四、常见异常现象及处理

（1）温度偏高或偏低　当温度偏高时，增大移热速率或减小供热速率；温度偏低时，减小移热速率或增大供热速率。

（2）压力偏高或偏低　压力与温度关系密切，当压力偏高或偏低时，可通过温度调节，或改变进出口阀开度，当压力超高时，打开固定床反应器前后放空阀。

（3）加热剂阀或冷却剂阀卡住　打开蒸汽或冷却水旁路阀。

（4）进料管或出料管堵　用蒸汽或氮气吹扫。

（5）突然停电　保温保压，或紧急把固体颗粒转移到贮罐。

实操训练

训练一　流化床反应器仿真操作

下面以用于生产高抗冲击共聚物的工艺本体聚合装置为例说明气固相流化床非催化反应器的操作。

一、反应原理及工艺流程简述

1. 反应原理

乙烯、丙烯以及反应混合气在一定的温度、一定的压力下，通过具有剩余活性的干均聚物（聚丙烯）的引发，在流化床反应器里进行反应，同时加入氢气以改善共聚物的本征黏度，生成高抗冲击共聚物。

主要原料：乙烯、丙烯、具有剩余活性的干均聚物（聚丙烯）、氢气。
反应方程式：

$$n\mathrm{C_2H_4} + n\mathrm{C_3H_6} \longrightarrow \overline{\vphantom{|}\mathrm{C_2H_4} - \mathrm{C_3H_6}\vphantom{|}}_n$$

主产物：高抗冲击共聚物（具有乙烯和丙烯单体的共聚物）。
副产物：无。

2. 工艺流程简述

流化床反应器带控制点工艺流程图如图 6-22 所示，流化床反应器 DCS 图如图 6-23 所示，流化床反应器现场图如图 6-24 所示。

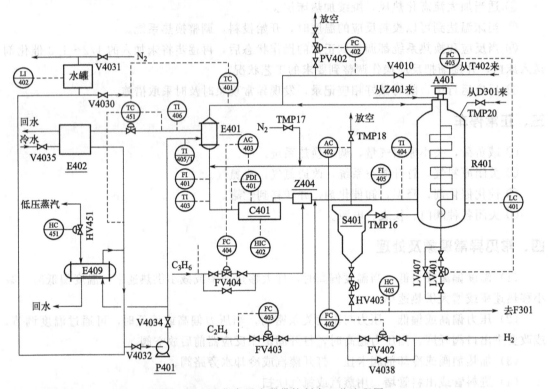

图 6-22　流化床反应器带控制点工艺流程图

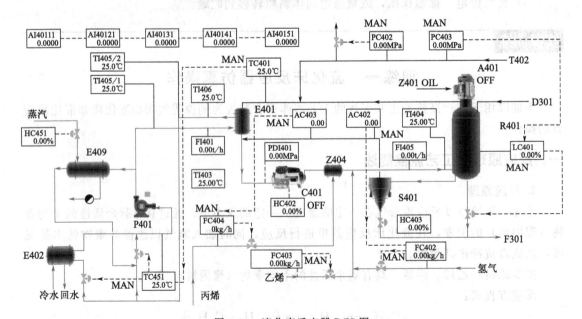

图 6-23　流化床反应器 DCS 图

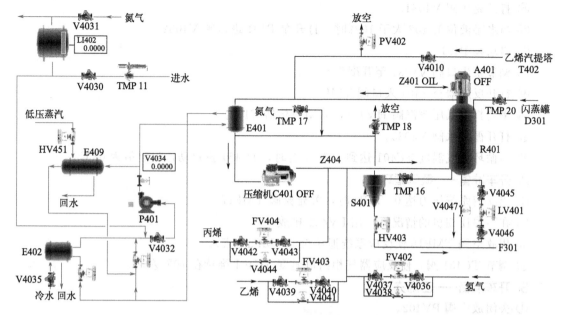

图 6-24　流化床反应器现场图

具有剩余活性的干均聚物（聚丙烯）在压差作用下自闪蒸罐 D301 从顶部进入反应器 R401，落在流化床的床层上。在气体分析仪的控制下，氢气被加到乙烯进料管道中，以改善聚合物的本征黏度，满足加工需要。新补充的氢气由 FC402 控制流量，新补充的乙烯由 FC403 控制流量，需补充的丙烯由 FC404 控制流量，三者一起加入压缩机排出口。来自乙烯汽提塔 T402 顶部的回收气相与气相反应器出口的循环单体汇合，进入 E401 与脱盐水进行换热，将聚合反应热撤出后，进入循环气体压缩机 C401，提高到反应压力后，与新补充的氢气、乙烯、丙烯汇合，通过一个特殊设计的栅板进入反应器。循环气体用工业色谱进行分析。

由反应器底部出口管路上的控制阀 LV401 来维持聚合物的料位。聚合物料位决定了停留时间，从而决定了聚合反应的程度，为了避免过度聚合的鳞片状产物堆积在反应器壁上，反应器内配置一转速较慢的刮刀 A401，以使反应器壁保持干净。

栅板下部夹带的聚合物细末，用一台小型旋风分离器 S401 除去，并送到下游的袋式过滤器中。

共聚物的反应压力约为 1.4MPa（表），温度为 70℃，该系统压力位于闪蒸罐压力和袋式过滤器压力之间，从而在整个聚合物管路中形成一定压力梯度，以避免容器间物料的返混并使聚合物向前流动。

二、开车操作系统

1. 开车准备——氮气充压加热

① 打开充氮阀 TMP17，用氮气给反应器系统充压。
② 当氮气充压至 0.1MPa 时，启动共聚压缩机 C401。
③ 将导流叶片 HC402 定在 40%。
④ 打开充水阀 V4030 给水罐充液。

⑤ 打开充压阀 V4031。
⑥ 当水罐液位 LI402 大于 10% 时，打开泵 P401 进口阀 V4032。
⑦ 启动泵 P401。
⑧ 调节泵出口阀 V4034 至开度为 60%。
⑨ 打开反应器至 S401 入口阀 TMP16。
⑩ 手动打开低压蒸汽阀 HV451，启动换热器 E409。
⑪ 打开循环水阀 V4035。
⑫ 当循环氮气温度 TC401 达到 70℃左右时，TC451 投自动，设定值为 68℃。

2. 开车准备——氮气循环
① 当反应系统压力达 0.7MPa 时，关充氮阀 TMP17。
② 在不停压缩机的情况下，用 PV402 排放。
③ 用放空阀 TMP18 使反应系统泄压至 0.0MPa（表）。
④ 调节 TC451 阀，使反应器气相出口温度 TC401 维持在 70℃左右。

3. 开车准备——乙烯充压
① 关闭放空阀 PV402。
② 关闭放空阀 TMP18。
③ 打开 FV403 的前阀 V4039。
④ 打开 FV403 的后阀 V4040。
⑤ 打开乙烯调节阀 FV403，当乙烯进料量达到 567kg/h 左右时，FC403 投自动，设定值为 567kg/h。
⑥ 调节 TC451 阀，使反应器气相出口温度 TC401 维持在 70℃左右。

4. 干态运行开车——反应进料
① 打开 FV402 前阀 V4036。
② 打开 FV402 后阀 V4037。
③ 将氢气的进料流量调节阀 FC402 投自动，设定值为 0.102kg/h。
④ 打开 FV404 的前阀 V4042。
⑤ 打开 FV404 的后阀 V4043。
⑥ 当系统压力 PI402 升至 0.5MPa 时，将丙烯进料流量调节阀 FC404 投自动，设定值为 400kg/h。
⑦ 打开进料阀 V4010。
⑧ 当系统压力 PI402 升至 0.8MPa 时，打开旋风分离器 S401 的底部阀 HV403 至开度为 20%。
⑨ 调节 TC451 阀，使反应器气相出口温度 TC401 维持在 70℃左右。

5. 干态运行开车——准备接收 D301 来的均聚物
① 将 FC404 改为手动控制。
② 调节 FC404 开度为 85%。
③ 调节 HC403 开度至 25%。
④ 启动共聚反应器的刮刀，准备接收从闪蒸罐（D301）来的均聚物。
⑤ 调节 TC451 阀，使反应器气相出口温度 TC401 维持在 70℃左右。

6. 共聚反应的开车

① 当系统压力 PI402 升至 1.2MPa 时，打开 HC403 至开度为 40%，以维持流态化。
② 打开 LV401 的前阀 V4045。
③ 打开 LV401 的后阀 V4046。
④ 打开 LC401 至开度为 20%～25%，以维持流态化。
⑤ 打开来自 D301 的聚合物进料阀 TMP20。
⑥ 关闭 HC451，停低压加热蒸汽。
⑦ 调节 TC451 阀，使反应器气相出口温度 TC401 维持在 70℃ 左右。

7. 稳定状态的过渡

① 当系统压力 PI402 升至 1.35MPa 时，PC402 投自动，设定值为 1.35MPa。
② 手动开启 LC401 至 30%，让聚合物稳定地流过。
③ 当液位 LC401 达到 60% 时，将 LC401 投自动，设定值为 60%。
④ 缓慢提高 PC402 的设定值至 1.4MPa。
⑤ 将 TC401 投自动，设定值为 70℃。
⑥ 将 TC401 和 TC451 设置为串级控制。
⑦ 将 PC403 投自动，设定值为 1.35MPa。
⑧ 压力和组成趋于稳定时，将 LC401 和 PC403 投串级。
⑨ 将 AC403 投自动。
⑩ 将 FC404 和 AC403 投串级。
⑪ 将 AC402 投自动。
⑫ 将 FC402 和 AC402 投串级。

三、停车操作

1. 降反应器料位

① 关闭活性聚丙烯的来料阀 TMP20。
② 手动缓慢调节 LC401，使反应器料位 LC401 降低至小于 10%。

2. 关闭乙烯进料，保压

① 当反应器料位降至 10%，关闭乙烯进料阀 FV403。
② 关闭 FV403 的前阀 V4039。
③ 关闭 FV403 的后阀 V4040。
④ 当反应器料位 LC401 降低零时，关闭反应器出口阀 LV401。
⑤ 关闭 LV401 的前阀 V4045。
⑥ 关闭 LV401 的后阀 V4046。
⑦ 关闭旋风分离器 S401 上的出口阀 HV403。

3. 关丙烯及氢气进料

① 手动切断丙烯进料阀 FV404。
② 关闭 FV404 的前阀 V4042。
③ 关闭 FV404 的后阀 V4043。
④ 关闭氢气进料阀 FV402。
⑤ 关闭 FV402 的前阀 V4036。

⑥ 关闭 FV402 的后阀 V4037。
⑦ 当 PV402 开度大于 80% 时，排放导压至火炬。
⑧ 当压力 PI402 为零后，关闭 PV402。
⑨ 停反应器刮刀 A401。

4. 氮气吹扫

① 打开 TMP17，将氮气通入系统。
② 当系统压力 PI402 达 0.35MPa 时，关闭 TMP17。
③ 打开 PV402 放火炬，将系统压力 PI402 降为零。
④ 停压缩机 C401。

四、正常操作管理及异常现象处理

1. 正常操作

熟悉工艺流程，密切注意各工艺参数的变化，维持各工艺参数稳定。正常操作下工艺参数如表 6-1 所示。

表 6-1 正常操作工艺参数

位号	正常值	单位	位号	正常值	单位
FC402	0.35	kg/h	LC401	60	%
FC403	567.0	kg/h	TC401	70	℃
FC404	400.0	kg/h	TC451	50	℃
PC402	1.4	MPa	AC402	0.18	
PC403	1.35	MPa	AC403	0.38	

2. 异常现象及处理

表 6-2 为流化床反应器常见异常现象及处理方法。

表 6-2 常见异常现象及处理方法

序号	异常现象	产生原因	处理方法
1	温度调节器 TC451 示数急剧上升，然后 TC401 随之升高	运行泵 P401 停	①调节丙烯进料阀 FV404，增加丙烯进料量； ②调节压力调节器 PC402，维持系统压力在 1.35MPa 左右； ③调节乙烯进料阀 FV403，增加乙烯进料量，维持 C_2/C_3 为 0.5 左右； ④将 FC403 改为手动控制； ⑤将 FC404 改为手动控制
2	系统压力急剧上升	压缩机 C401 停	①关闭催化剂来料阀 TMP20； ②手动调节 PC402，维持系统压力 PI402 在 1.35MPa 左右； ③手动调节 LC401，维持反应器料位； ④调节阀门 LC401 的开度，维持反应器料位 LC401 在 60% 左右
3	丙烯进料量为 0	丙烯进料阀卡	①手动关小乙烯进料量，维持 C_2/C_3 为 0.5 左右； ②关催化剂来料阀 TMP20； ③手动关小 PV402，维持系统压力 PI402 在 1.35MPa 左右； ④调节阀门 LC401 的开度，维持料位 LC401 在 60% 左右； ⑤将 FC403 改成手动控制； ⑥将 LC401 改为手动控制

续表

序号	异常现象	产生原因	处理方法
4	乙烯进料量为 0	乙烯进料阀卡	①手动关丙烯进料，维持 C_2/C_3 为 0.5 左右； ②手动关小氢气进料，维持 H_2/C_2 为 0.7 左右，反应温度 TC401 在 70℃左右； ③将 FC404 改成手动控制； ④将 FC402 改成手动控制
5	D301 供料阀 TMP20 关	D301 供料停止	①手动关闭 LC401； ②手动关小丙烯和乙烯进料； ③手动调节压力 PC402 在 1.35MPa 左右，调节料位 LC401 在 60%左右； ④将 LC401 改成手动控制； ⑤将 FC404 改成手动控制； ⑥将 FC403 改成手动控制

训练二　流化床反应器实训操作

下面以煤制焦炭为例来说明流化床反应器的操作与控制。

一、实验原理

本装置为煤热解制半焦的实验评价装置。实验过程中，一定粒度的煤在干燥器中经加热干燥脱水后，与热砂器中预热的高温砂粒同时落入裂解反应器内混合裂解。裂解后，裂解气由预热的载气（N_2）汽提后经两级串联的气液分离器去除液体，进入分析仪器，固体产物和砂粒进入反应器下部连接的焦砂罐，冷却降温后进行分离。

装置采集和控制采用天大北洋自编软件系统，对温度及反应器中气体的流量进行全程控制与采集，数据精确可靠。温度采用人工智能仪表控制，气体流量的控制和计量在涡轮流量计的基础上结合电动调节阀调控。

二、工艺流程

图 6-25 和图 6-26 分别为煤制焦炭装置实物图和煤制焦炭装置流程图。

图 6-25　煤制焦炭装置实物图

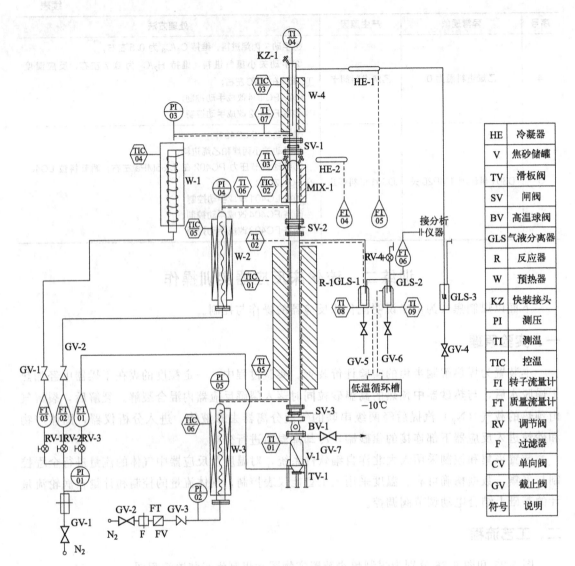

图 6-26 煤制焦炭装置流程图

三、任务实施

1. 准备工作

① 检查管路及阀门的开关状态是否正确。
② 连接好地线，通电检查各仪表、热电偶的工作状态。
③ 连接好气动阀门气源，保证气量充足，阀门开关顺畅。
④ 将煤块砸碎至颗粒为 3~6mm 备用。
⑤ 在煤干燥器中装填试验所需煤颗粒适量。
⑥ 在热砂器中装填试验所需陶瓷小球适量。
⑦ 连接好冷却水管，打开制冷槽电源进行制冷循环。

2. 开车

① 用氮气置换系统内空气，维持一定氮气流速，置换约 10min。

② 通冷却水，调节至试验所需水量。

③ 在通少量 N_2 的情况下通电升温。开车前一定要确保热电偶插在正确的位置。升温时，当给定值和参数值控制效果都不佳时，可将控温仪表参数 CTRL 改为 2，再次进行自整定。此外，温度控制设定不可忽高忽低胡乱改动。控温仪表的使用应仔细阅读 AI 人工智能工业调节器的使用说明书，没有阅读该使用说明书的人，不能随意改动仪表的参数，否则仪表不能正常进行温度控制。

④ 温度到达设定温度后，设置氮气流量至试验所需值，等待温度再次稳定。

⑤ 反应操作：

a. 将煤干燥器中煤颗粒加热干燥；

b. 热砂器中陶瓷小球加热干燥至试验所需温度；

c. 打开干燥器出料闸阀，使煤颗粒落入热砂器中进行加热，加热 30min 以上；

d. 打开热砂器出料闸阀，使煤颗粒和陶瓷小球同时落入反应器中进行裂解，裂解 30min 以上；

e. 可反复开启和关闭热砂器出料闸阀，振落残余颗粒，最后按顺序关闭煤干燥器出料闸阀、热砂器出料闸阀。

f. 待煤裂解进行完全之后，先打开反应器出料球阀，再打开反应器出料闸阀，将裂解后的半焦煤炭和砂子放入焦砂罐中。同理，反应器出料闸阀应反复打开关闭，以振落残余颗粒。

3. 停车

① 停止加热，继续通氮气待温度降至 200℃ 以下，关闭气源。

② 关闭冷却水和制冷槽。

③ 焦砂罐降温，排灰。

④ 关闭总电源。

四、故障与处理

① 开启电源，开关指示灯不亮，并且没有交流接触器吸合声，则电源保险丝坏或电源线没有接好。

② 开启仪表等各开关时指示灯不亮，并且没有继电器吸合声，则仪表等的保险丝坏，或接线有脱落的地方。

③ 控温仪表、显示仪表出现四位数字，则可能是热电偶有断路现象。

④ 仪表正常但电流表没有指示，可能保险丝坏或固态变压器、固态继电器坏。

⑤ 设备管路有漏液，停电检修。

⑥ 反应系统压力突然下降，则有大泄漏点，应停车检查。

⑦ 压力增高，尾气流量减少，系统有堵塞的地方，应停车检查。

五、注意事项

① 必须熟悉设备的使用方法。注意：设备要良好接地，防止触电！

② 升温操作一定要有耐心，仪表参数不能忽高忽低乱改乱动。

③ 流量的调节要随时观察及时调节，否则温度也不容易稳定。

④ 长期不使用时，将装置放在干燥通风的地方。如果再次使用，一定要在低电流下通电加热一段时间以除去加热炉保温材料吸附的水分。

⑤ 加热之前必须确保通入冷凝水。

⑥ 热电偶一定要放在所需要测定的位置上，要准确无误，不能在未插入测定位置时就升温加热。这样会造成温度无限制地上升，直至将加热炉丝烧毁。

任务三　维护与保养流化床反应器

学习目标

知识目标
1. 熟悉流化床反应器常见异常现象及处理方法。
2. 熟悉流化床反应器在操作过程中常见的故障及故障出现的原因。
3. 熟悉流化床反应器故障处理的方法。

能力目标
1. 能判断流化床反应器操作过程中的故障类别。
2. 面对突发的故障能用正确的处理方法及时处理。

素质目标
1. 培养分析问题、解决问题的能力。
2. 培养良好的职业素养。

任务介绍

本节主要介绍流化床反应器常见的一些异常现象，在生产过程中常见的故障、产生故障的原因及处理方法。

任务分析

在本次任务中，通过查阅相关资料，参加小组讨论交流、教师引导等活动，能总结反应器操作过程中常见的故障和维护要点，能根据故障现象判断故障发生的原因并及时处理。

相关知识点

知识点一　流化床反应器常见异常现象及处理方法

一、大气泡现象

流化床中生成的气泡在上升过程中不断合并和长大，直到床面破裂是正常现象。但是如果床层中大气泡很多，由于气泡不断搅动和破裂，床层波动大，操作不稳定，气固间接触不充分，就会使气固反应效率降低，这种现象也是一种不正常现象，应力求避免。通常床层较高、气速较大时容易产生大气泡现象。

在床层内加设内部构件可以避免产生大气泡，促使平稳流化。

二、腾涌现象

如果床层高度与直径的比值过大，气速过高时，就容易产生气泡的相互聚合而成为大气泡，在气泡直径长大到与床径相等时，就将床层分成几段，床内物料以活塞推进的方式向上运动，在达到上部后气泡破裂，部分颗粒又重新回落，这即是腾涌，亦称节涌。腾涌严重地降低床层的稳定性，使气固之间的接触状况恶化，并使床层受到冲击，发生振动，损坏内部构件，加剧颗粒的磨损与带出。

出现腾涌现象时，由于颗粒层与器壁的摩擦造成压降大于理论值，而气泡破裂时又低于理论值，即压降在理论值上下大幅度波动。一般来说，床层越高、容器直径越小、颗粒越大、气速越高，越容易发生腾涌现象。在床层过高时，可以增设挡板以破坏气泡的长大，避免腾涌现象发生。

三、沟流现象

沟流现象的特征是气体通过床层时形成短路，如图 6-27 所示。沟流有两种情况，包括图 6-27（a）所示的贯穿沟流和 6-27（b）所示的局部沟流。在大直径床层中，由于颗粒堆积不匀或气体初始分布不良，可在床内局部地方形成沟流。此时，大量气体经过局部地区的通道上升，而床层的其余部分仍处于固定床状态而未被流化（死床）。显然，当发生沟流现象时，气体不能与全部颗粒良好接触，将使工艺过程严重恶化。在 Δp-u 图上反映为 Δp 始终低于理论值 W/A，如图 6-28 所示。

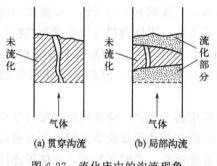

图 6-27 流化床中的沟流现象

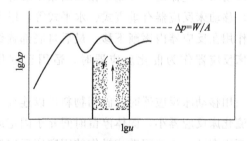

图 6-28 沟流时 Δp-u 的关系

沟流现象产生的原因主要与颗粒特性和气体分布板的结构有关。下列情况容易产生沟流：颗粒的粒度很细（粒径小于 $40\mu m$）、密度大且气速很低时；潮湿的物料和易于黏结的物料；气体分布板设计不好，布气不均，如孔太少或各个风帽阻力大小差别较大。

消除沟流，应对物料预先进行干燥并适当加大气速，另外分布板的合理设计也是十分重要的。还应注意风帽的制造、加工和安装，以免通过风帽的流体阻力相差过大而造成布气不均。

知识点二　流化床催化反应器常见故障及处理方法

流化床催化反应器常见故障及处理方法如表 6-3 所示。

表 6-3 常见故障及处理方法

序号	故障现象	故障原因	处理方法
1	出料气体夹带催化剂	旋风分离器堵塞	调节进料摩尔比及压力、温度，如无效，则停车处理
2	回收催化剂管线堵塞	反应器保温、伴热不良，蛇管内温度低，反应器内产生冷凝水，导致催化剂结块	加强保温及伴热效果，提高蛇管内热水温度
3	回收催化剂插入管阀门腐蚀穿孔	保温或伴热不良，蛇管内热水温度低，反应器内产生冷凝水	不停车带压堵漏，如无法修补，则应停车，更换新件
4	蛇管泄漏	制造质量差，腐蚀、冲刷或停车时保护不良	立即停车，侧空，进行修补或更换冷却蛇管
5	大法兰泄漏	垫片变形，螺栓把紧力不均匀	紧法兰螺栓或更换垫片
6	反应器流化状态不良	分布器或挡板被催化剂堵塞	重新调整进料摩尔比，如无效，停车清理分布板或挡板

知识拓展

移动床反应器

移动床反应器兼具固定床反应器和流化床反应器的特点，因此在基础化工、环保等领域受到重视。

移动床反应器是一种流体相和固相接触的反应器，流体相通常为气体。根据固相的移动方向，移动床反应器有垂直式、水平式等，以垂直式为主，固体物料（块状或颗粒状）依靠重力作用在反应器内逐渐下移，最后自底部连续卸出，固体颗粒之间基本上没有相对运动。移动床反应器作为催化反应器时，适用于催化剂失活速度中等，但仍需循环再生的反应过程。

采用移动床反应器时，固相物料可以连续进出反应器，气体压降比固定床反应器小，返混比流化床反应器小，固体停留时间介于固定床反应器和流化床反应器之间，而且可以在较大范围内变动。由于间歇式操作的固定床反应器存在能耗高、费时等缺点，而能够连续生产的流化床反应器工艺存在颗粒磨损、气流输送能耗大等缺点，故在一些反应体系中，采用移动床反应器更为适宜。

在甲醇制丙烯、低碳轻烃芳构化、高分子固相合成等有机化工领域，以及无机材料合成、铀元素浓缩等无机化工领域，移动床反应器的应用研究受到重视。在钢铁炼制领域，移动床技术也得到了大规模应用。在环保领域，移动床反应器主要应用于工业废气/烟气的脱硫、脱硝、除尘以及有毒成分的捕集等，已在高温烟气脱硫、除尘过程中得到工业应用，如整体气化联合循环（IGCC）、加压流化床燃烧发电等的烟气处理过程。

在现代工业过程中，以能源加工过程为代表，随着流化床、浆态床等连续加工、自动化程度高的反应器的不断应用，以及随着长使用寿命催化剂的不断开发成功，固定床反应器的地位得到巩固，因而有人认为移动床反应器已经逐渐淡出历史舞台。但每种反应器都有其自身的优点和缺点，对于纷繁多样的物理、化学处理过程和产品需求，移动床反应器也具有其施展能力的舞台。

巩固与提升

一、填空题

1. 利用流态化技术进行化学反应的装置，称为_____。
2. 多数流化床反应器的结构都包括_____、_____、_____、_____、_____。
3. 为了破碎气体在床层中产生的大气泡，增大气固相间的接触面积，反应器内设置一些_____。
4. 流化床反应器中气体分布板的作用是_____和_____。其中开孔率的计算必须考虑_____压降和_____压降。
5. 流化床反应器的气固分离装置有_____和_____。
6. 流化床反应器按床层的多少，可分为_____和_____。
7. 流化床反应器内存在_____和_____两相。反应主要在_____相中进行。
8. 固体颗粒在流体中呈现的状态有_____、_____和_____三种。
9. 气体分布装置有两部分位于反应器底部，即_____和_____。
10. 流化床反应器扩大段的主要作用是_____。
11. 旋风分离器是利用_____的作用从气流中分离出尘粒的设备。旋风分离器的作用是_____，工艺尺寸的确定主要是根据工艺要求选择_____。
12. 开车前向反应器内充入氮气的目的是_____。
13. 常见的流化床操作的不正常现象有_____和_____两种。

二、选择题

1. 流体通过颗粒床层时，颗粒悬浮在向上流动的流体中而做随机运动，此床层阶段称为（　　）。
   A. 固定床阶段　　　　　　　　　　B. 临界流化床阶段
   C. 流化床阶段　　　　　　　　　　D. 输送床阶段
2. 聚式流态化大多是（　　）。
   A. 气固流化床　　　　　　　　　　B. 液固流化床
   C. 三相流化床　　　　　　　　　　D. 气液流化床
3. 下列各项不是流化床操作优点的是（　　）。
   A. 温度分布均匀　　　　　　　　　B. 传质速率高
   C. 传热效率高　　　　　　　　　　D. 返混程度小
4. 气体分布装置的作用是（　　）。
   A. 增大气体的流速　　　　　　　　B. 使气体分布均匀
   C. 减小气固接触时间　　　　　　　D. 防止设备被堵塞
5. 下列各项中不是流化床反应器内部构件的是（　　）。
   A. 挡网　　　　　　　　　　　　　B. 填充物
   C. 挡板　　　　　　　　　　　　　D. 搅拌器
6. 在流化床反应器中一般发生的是（　　）。
   A. 气液反应　　　　　　　　　　　B. 液固反应

C. 液相反应 D. 气固反应

7. 自由床是流化床反应器（　　）分出来的。
   A. 按床层的外形
   B. 按床层中是否设置内部构件
   C. 按颗粒在系统中是否循环
   D. 按反应器内层数的多少

8. 流化床反应器正常开车时应用（　　）置换反应系统。
   A. N_2 B. H_2
   C. 空气 D. 稀有气体

9. 流化床反应器内物料流动的状态可通过（　　）来调节。
   A. 改变反应器温度 B. 改变反应器压力
   C. 改变气体的流速 D. 改变气体的停留时间

10. 出料气体中夹带催化剂的原因有可能是（　　）。
    A. 反应器温度过高 B. 旋风分离器堵塞
    C. 分布器被堵塞 D. 反应器内压力过高

三、判断题

1. 流体只能穿过静止颗粒之间的空隙而流动，这种床层称为固定床。（　　）
2. 散式流化床多用于气固相反应。（　　）
3. 流化床反应器的传质传热效果比固定床反应器的传质传热效果好。（　　）
4. 沟流现象又可分为贯穿沟流和局部沟流。（　　）
5. 旋风分离器一般用来除去气流中直径在 $5\mu m$ 以下的尘粒。（　　）
6. 流化床反应器中的传质和传热效果较好，不需要大型的换热设备。（　　）
7. 直流式分布板结构简单，易于设计制造，是流态化质量最好的一种分布板。（　　）
8. 分布器被催化剂堵塞，容易导致反应器流化状态不良。（　　）
9. 流化床反应器开车时，不必控制流体的流速。（　　）
10. 进料管或出料管堵塞时，应用空气吹扫。（　　）

四、思考题

1. 什么是固体流态化？
2. 简述流态化技术的优缺点。
3. 流化床反应器内常用的换热装置有哪些？
4. 什么是流化床？与固定床相比有什么特点？
5. 流化床反应器主要由哪几部分组成？各部分作用是什么？
6. 流化床反应器的分类方法有哪些？
7. 流化床反应器中为什么要有气固分离装置？
8. 当气体通过固定床时，随着气速的增大，床层将发生何种变化？形成流化床时气速必须达到何值？两种流态化的概念是什么？如何判断？
9. 流化床反应器开车前应如何准备？
10. 反应器流化状态不良的原因是什么？如何处理？
11. 简述流化床反应器常见的故障及处理方法。
12. 常见的流化床异常现象有哪几种？对流化床的操作有何影响？

单元三
化学反应器的发展与评价

项目七　新型反应器

项目介绍

化学反应器是化工生产中的核心设备，其技术的先进程度直接影响生产的成本。在传统的反应器基础上开发新型反应器是未来工业发展的重要内容。通过本项目的学习，认识目前应用较为广泛的几种新型反应器，总结新型反应器的结构和工作原理，功能特点以及应用范围。

任务一　认识膜反应器

学习目标

知识目标
1. 熟悉膜催化反应器的概念。
2. 熟悉膜分离技术在工业中的应用。
3. 熟悉膜生物反应器的概念和工作原理。
4. 熟悉工业中应用的膜生物反应器的种类。

能力目标
1. 能举例说明膜催化反应器的应用。
2. 能分析常见的几种膜生物反应器的特点。

素质目标
1. 培养较强的沟通能力、小组协作能力。
2. 培养良好的语言表达和文字表达能力。

任务介绍

当今世界，膜科学与技术有了很快的发展，近年来，开发研究了由反应过程和膜分离过程结合起来的新型高效的膜反应装置。尤其适用于平衡转化率低的反应，当生成物的一部分或者全部通过分离膜除去后，有利于平衡向生成物的方向移动，提高反应的转化率。

> **任务分析**
>
> 在本次任务中,通过查阅相关资料,参加小组讨论交流、教师引导等活动,认识几种常见的膜反应器,理解其特点及应用范围。

> **相关知识点**

知识点一 膜催化反应器

一、膜催化技术的简介

膜催化反应技术是 20 世纪 80 年代才发展起来的一项新技术,膜催化反应是催化转化和产品分离组合起来的过程,它在催化反应发生的同时,选择性地脱除产物,以加速反应且突破反应平衡的限制,提高反应的产率、转化率和选择性。

膜催化反应的优点在于利用膜的选择渗透性有选择地移去某个产物,从而使可逆反应的化学平衡向有利于产物生成的方向移动,从而达到"超平衡"。实际的催化反应一般都在远离平衡的条件下进行,因此研究非平衡条件下膜催化反应器(图 7-1)的行为及其与固定床反应器的比较有重要意义。

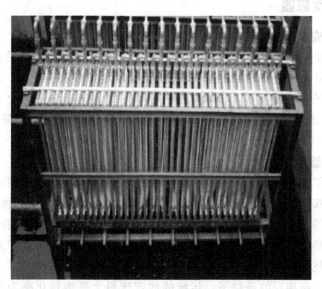

图 7-1 膜催化反应器

二、膜催化反应器的简介

1. 膜材料

膜催化反应器中使用的膜主要是无机膜。无机材料具有化学稳定性好、耐酸碱、耐有机溶剂、耐高温(800~1000℃)、耐高压(10MPa)、抗微生物侵蚀能力强等优点,同时很多无机材料本身就是良好的催化剂。因此,近年来在催化领域中基于无机材料的膜催化反应器的研究开发十分活跃,取得了显著的进展,表 7-1 列出了应用于膜催化反应器的主要膜材料。

表 7-1 用于膜催化反应器的主要膜材料

分类	主要膜材料
金属或合金膜	Pd 膜，Pd-Ag、Pd-Ni、Pd-Rh 合金膜
多孔陶瓷膜	Al_2O_3 膜、SiO_2-Al_2O_3 膜、ZrO_2 膜
多孔玻璃膜	多孔硼硅酸盐耐热玻璃膜
复合膜	Pd-多孔陶瓷膜、Pd-多孔玻璃膜

2. 膜反应器和膜催化反应具有的特点

① 将反应与分离组合成单一的单元过程，从而降低分离费用；

② 对于可逆反应，能突破热力学平衡的限制，通过膜扩散移去产物，使反应转化率趋于 100%；

③ 在膜单元中，化学反应易于传递，其中每种组分的质量平衡不为反应所影响，但某些物质通过膜的渗透得到选择性的强化，这种膜选择性是传统反应器所不具备的；

④ 反应物分子通过膜表面的吸附、渗透、扩散等过程，未进入反应区之前已得到活化，其活化态的浓度易于用惰性气体的同时引入、改变反应过程参数等加以调节，从而缓和反应条件，提高目的产物的选择性和产率，减少副反应和节省能耗等。

三、几种膜催化反应器

1. 提高水煤气变换反应转化率的膜催化反应器

传统的水煤气变换反应需要 200～400℃ 的高温，因为该反应为放热反应，故抑制了其平衡转化率。用膜催化反应器，可以在 157℃ 得到 85% 的 CO 高转化率。这是因为在膜催化反应器中，小的分子容易通过膜，而大的分子滞留。产物 H_2 分子较之反应物分子 CO 和 H_2O 易穿透膜，故能完成高的 CO 转化，同时又能将 H_2 分离出来，该催化膜为多孔的石英玻璃，涂以 $RuCl_3 \cdot 3H_2O$ 用于水煤气变换反应制氢。

2. 丙烯歧化的膜反应器

烯烃歧化是近年来石油化工工艺中主要进展之一，丙烯歧化成乙烯和丁烯-2，实质上是一个热中性的碳碳双键断裂和再建的过程，反应结果为形成产物与反应物的平衡组成，因为过程具有热中性和等分子的特征，故不可能通过改变操作条件促进反应的转化。

对该反应采用膜反应器进行了研究。催化剂和膜是用 Rh_2O_3 负载于多孔的 Al_2O_3 或者石英玻璃制成的，歧化反应在 20～22℃ 下进行。膜反应器的操作采用了并流和逆流两种方式。研究结果表明，在相同的条件下，传统的固定床最大平衡转化率为 34%。而膜反应器的转化率则高出很多。膜对产物的选择性越高，对转化率的促进就越大。

3. 乙烯氧化成醛的膜反应器

均相催化反应的优点是高选择性、反应条件温和；缺点是产物与催化剂溶液分离难。将膜反应器用于均相催化体系，不但能克服这种缺点，而且还能使进料反应物浓集，促使平衡的移动和强化生产能力等。

4. 其他

除上述的几种反应外，还有烯烃氢醛化制羰基化合物、环己烷膜催化脱氢、发酵法生产乙醇的膜反应器等，近年来都有不少的研究。

知识点二 膜生物反应器

膜生物反应器是近些年新发展的一种新型反应器，主要由膜组件、生物反应器、物料输送三部分组成，以膜组件取代传统生物处理技术末端二沉池，在生物反应器中保持高活性污泥浓度，提高生物处理有机负荷，从而减少污水处理设施占地面积，并通过保持低污泥负荷减少剩余污泥量。膜生物反应器主要利用沉浸于好氧生物池内的膜分离设备截留槽内的活性污泥与大分子有机物。膜生物反应器系统内活性污泥浓度（MLSS）可提升至 8000～10000mg/L，甚至更高；污泥龄（SRT）可延长至 30 天以上。

膜生物反应器因其有效的截留作用，可保留世代周期较长的微生物，可实现对污水深度净化，同时硝化菌在系统内能充分繁殖，其硝化效果明显，为深度除磷脱氮提供可能。

一、膜生物反应器的原理

膜生物反应器是高效膜分离技术与活性污泥相结合的新型水处理技术。它是利用微生物对反应机制进行生物转化，利用膜组件分离反应产物并截留生物体，实现水力停留时间与污泥停留时间的彻底分离，消除了传统活性工艺的污泥膨胀问题。由于曝气池中活性污泥浓度的增大和污泥中特效菌的出现，提高了生化反应速率，同时，减少剩余污泥产生量，提高生化处理效果。

二、几种膜生物反应器

1. 无泡曝气生物反应器

无泡曝气生物反应器（图 7-2），简称为 MABR，由中空纤维膜填料部分和水流部分组成。由于纤维膜微孔直径很小，为 $0.1\sim0.5\mu m$，曝气产生的气泡肉眼不可见，因此称为无泡供氧。生物膜所需要的氧气是通过纤维束填料供给的，中空纤维膜不仅起着供氧作用，同时又是固着生物膜的载体。纯氧或空气通过中空纤维膜的微孔为生物膜进行无泡曝气，在中空纤维膜的外侧形成的生物膜与污水充分接触，污水中所含的有机物被生物膜吸附和氧化分解，从而使污水得到净化。

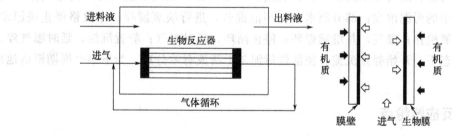

图 7-2 无泡曝气生物反应器示意图

2. 萃取膜生物反应器

萃取膜生物反应器（图 7-3）采用选择膜将污水与生物反应器隔开，该膜只容许目标污染物透过，进入生物反应器被降解。而各种对微生物有害的物理、化学条件不影响生物反应器一侧。

3. 膜分离生物反应器（MSBR）

反应器主要由三个部分组成：曝气格和两个交替序批处理格，如图 7-4 所示。主曝气格

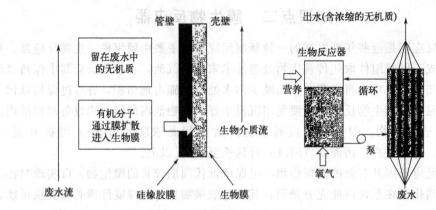

图 7-3 萃取膜生物反应器示意图

在整个运行周期过程中保持连续曝气,而每半个周期过程中,两个序批处理格交替分别作为 SBR 池和澄清池。

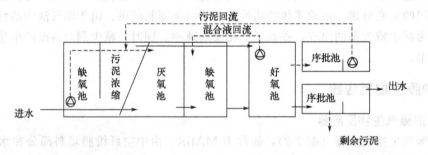

图 7-4 膜分离生物反应器示意图

原水与循环液混合,进行缺氧搅拌。在这半个周期的开始,原水进入序批处理格,与被控制回到主曝气格的回流液混合。在缺氧和丰富的硝化态氮条件下,序批处理格内的兼性反硝化菌利用硝酸盐和亚硝酸盐作为电子受体,以原水及内源呼吸所释放的有机碳作为碳源,进行无氧呼吸代谢。随着原水的加入,有机碳的浓度增加,较高浓度的污泥向曝气格回流,提高了曝气格中的污泥浓度;部分原水和循环液混合,进行缺氧搅拌;序批格停止进原水,循环液继续缺氧搅拌;曝气,并继续循环;停止循环,延时曝气;静置沉淀,延时曝气停止后,在隔离状态下,开始静置沉淀,使活性污泥与上清液有效分离,为下半个周期澄清池出水做准备。

三、膜生物反应器特点

1. 出水水质优质稳定

由于膜的高效分离作用,分离效果远好于传统沉淀池,处理出水极其清澈,悬浮物和浊度接近于零,细菌和病毒被大幅去除,出水水质优于住建部颁发的生活杂用水水质标准,可以直接作为非饮用市政杂用水进行回用。

2. 剩余污泥产量少

该工艺可以在高容积负荷、低污泥负荷下运行,剩余污泥产量低,降低了污泥处理费用。

3. 占地面积小，不受设置场合限制

生物反应器内能维持高浓度的微生物量，处理装置容积负荷高，占地面积大大节省；该工艺流程简单、结构紧凑、占地面积省，不受设置场所限制，适合于任何场合，可做成地面式、半地下式和地下式。

4. 可去除氨氮及难降解有机物

由于微生物被完全截留在生物反应器内，从而有利于增殖缓慢的微生物如硝化细菌的截留生长，系统硝化效率得以提高。同时，可增长一些难降解的有机物在系统中的水力停留时间，有利于难降解有机物降解效率的提高。

四、膜生物反应器的发展趋势

从膜生物反应器日益广泛的应用状况来看，目前膜生物反应器的发展趋势表现在：①进行新型膜组件集装式、密集式模块化的优化设计；②研究新的制膜方法，研制性能优越的膜材料；③研制新型的膜生物反应器，为膜生物反应器能长期稳定运行研究适宜的运行工艺条件。

随着膜技术的产业化以及膜在各行各业应用的扩大，今后膜生物反应器应用可能获得迅速发展的重点领域和方向如下。

① 应用于高浓度、有毒、难降解工业污水的处理。如高浓度有机废水是一种较普遍的污染源，全国造纸、制糖、酒精、皮革、合成脂肪酸等行业每年高浓度有机废水的排放量很大，这类污水采用常规活性污泥法处理尽管有一定作用，但是出水水质难以达到排放标准。而膜生物反应器在技术上的优势，决定了它可以对常规方法难以处理的污水进行有效的处理，并且出水可以回用。

② 现有的城市污水处理厂的更新升级。特别是出水难以达标或处理流量剧增而厂地面积无法扩大的情况。

③ 应用于有污水回用需求的地区和场所，如洗车业、宾馆、流动公厕等，充分利用膜生物反应器占地面积小、设备紧凑、自动控制、灵活方便的特点。

④ 垃圾填埋渗滤液的处理及回用。

⑤ 在小规模的污水处理厂的应用，这由膜的价格所决定。

⑥ 应用于无排水管网系统的地区，如小居民点、度假区、旅游风景区等。

 任务二　认识微反应器

学习目标

知识目标
1. 掌握微反应器的概念。
2. 掌握微反应器的基本结构。
3. 了解微反应器的常用材料。
4. 了解微反应器的发展前景。

能力目标
能说出微型反应器在工业中的应用。
素质目标
1. 培养较强的沟通能力、小组协作能力。
2. 培养良好的语言表达和文字表达能力。

任务介绍

微反应成套技术属于国家产业结构调整目录鼓励发展的先进实用化工生产技术，具有投资小、占地少、能耗低、收率高、品质优、环境友好的特点，可实现连续、稳定、大规模、清洁化生产。微化学工艺在各领域中的应用随着不同领域之间合作研究的加强而不断增加，利用微反应器可以合成半导体材料、金属、聚合物等，与传统的反应器相比，颗粒的尺寸大大减少，达到纳米级。

任务分析

在本次任务中，通过查阅相关资料、参加小组讨论交流、教师引导等活动，了解微型反应器基本结构、常用材料、用途及发展前景等。

相关知识点

一、微反应器的概念

微反应器，即微通道反应器，利用精密加工技术制造的特征尺寸在 $10\sim300\mu m$（或者 $1000\mu m$）之间的微型反应器，微反应器的"微"表示工艺流体的通道在微米级别，而不是指微反应设备的外形尺寸小或产品的产量小。微反应器中可以包含成百上千万的微型通道，因此可实现很高的产量。

二、微反应器的基本结构

微反应器在结构上常采用一种层次结构方式，它先以亚单元形成单元，再以单元来形成更大的单元，以此类推。这种特点与传统化工设备有所不同，它便于微反应器以"数增放大"的方式（而不是传统的尺度放大方式），来对生产规模进行方便的扩大和灵活的调节。

微反应器的制作就是在工艺计算、结构设计和强度校核以后，选择适宜的材料和加工方法，制备出微结构和微部件，然后再选择合适的连接方式，将其组装成微单元和微装置，最后通过试验验证其效果，如不能满足预期要求，则须重来。

三、常用材料

材料的选择取决于介质和工况等因素，如介质的腐蚀性、操作温度、操作压力等。一方面，材料的选择影响着加工方法的选取，因为对于不同材料而言其加工方法也不同。另一方面，加工方法又反过来影响材料的选择，比如因为精度或安全要求而必须采用某一种加工方法时，就须采用与此加工方法相适宜的材料。

硅是微反应器中使用较多的一种材料。这首先在于硅的一些优良力学和物理性能，它的弹性模量和钢的几乎相同，这可使硅更好地保持载荷与变形的线性关系；硅的热膨胀系数很小；硅具有各向异性，便于进行选择性刻蚀。另一方面，硅是半导体器件制造中最常使用的材料，加工工艺成熟。

不锈钢、玻璃、陶瓷也是微反应器中的常用材料。

不锈钢多用在一些强放热的多相催化微反应器中，对一些尺寸稍大的反应器也可用不锈钢制作，这样加工方便，成本低廉，且易与外部连接。另外，不锈钢具有良好的延展性，因而成为反应器或换热器薄片制作的常用材料。

玻璃因为化学性能稳定，且具有良好的生物兼容性，用它制作的微反应器还有利于观察内部反应，所以玻璃在微反应器中常被广泛用作基片材料。

陶瓷因化学性能稳定，抗腐蚀能力强，熔点高，在高温下仍能保持尺寸的稳定，因而陶瓷制作的微反应器常用于高温和强腐蚀的场合。其缺点是耗费时间长，价格昂贵。

其他如塑料和聚合物等材料在光刻电镀和压模成型加工出现以后，在微反应器中的应用也越来越广泛。

四、用途

反应器设备根据其主要用途或功能可以细分为微混合器、微换热器和微反应器，如图 7-5 和图 7-6 所示。由于其内部的微结构使得微反应器设备具有极大的比表面积，可达搅拌釜比表面积的几百倍甚至上千倍。微反应器有着极好的传热和传质能力，可以实现物料的瞬间均匀混合和高效的传热，因此许多在常规反应器中无法实现的反应都可以微反应器中实现。

梳式混合器

阀式混合器

层叠式混合器

盘片式换热器

LH2-薄层式混合器

LH 25-薄层式混合器

LH 1000-薄层式混合器

同轴换热器

图 7-5　微混合器和微换热器

目前微反应器在化工工艺过程的研究与开发中已经得到广泛的应用，商业化生产中的应用正日益增多。其主要应用领域包括有机合成过程，微米和纳米材料的制备和日用化学品的生产。在化工生产中，最新的 Miprowa 技术已经可以实现每小时上万升的流量。

五、微反应器发展前景

① 大容积化，这是增加产量、减少批量生产之间的质量误差、降低产品成本的有效途径和发展趋势。

② 反应釜（如微型高压反应釜）的搅拌器已由单一搅拌器发展到双搅拌器或外加泵强

乳化与沉淀反应器　　光催化反应器　　层叠式反应器　　曲径式固定床催化反应器

固定床气/液反应器　　低温反应器　　Miprowa反应器　　内部带混合的夹层反应器

图 7-6　几种微反应器

制循环。反应釜发展趋势除了装搅拌器外，还可使釜体沿水平线旋转等。

③ 以生产自动化和连续化代替传统的间歇手工操作，如采用程序控制，既可保证稳定生产，提高产品质量，增加收益，减轻体力劳动，又可消除对环境的污染。

可见，微反应器技术的应用是反应釜的发展趋势。

知识拓展

生物反应器：生命科学的创新引擎

在生命科学领域，生物反应器发挥着重要作用。生物反应器是一种为生物反应提供适宜环境和条件的装置，它能够模拟生物体内的生理状态，促进反应过程高效进行。

生物反应器的类型丰富多样。搅拌式生物反应器是较为常见的一种，它通过搅拌桨的旋转使反应体系充分混合，确保营养物质和氧气均匀分布，广泛应用于微生物发酵和细胞培养。气升式生物反应器利用气体的循环流动实现混合，具有低剪切力的特点，适合对剪切力敏感的细胞培养。固定床生物反应器将生物催化剂固定在载体上，使反应物流经固定床进行反应，在废水处理和生物燃料生产等领域表现出色。膜生物反应器则结合了膜分离技术，能够有效地分离产物和反应物，提高反应效率和产物纯度。

生物反应器在多个领域中有广泛应用。在生物医药领域，它是生产疫苗、抗体、蛋白质等生物制品的关键设备。通过精确控制反应条件，可以实现高产量、高质量的生物制品生产。例如，利用动物细胞培养生物反应器可以大规模生产单克隆抗体，用于疾病的诊断和治疗。在食品工业中，生物反应器用于发酵生产酒类、调味品、乳制品等。酵母发酵罐就是一种典型的生物反应器，它能够将糖类转化为酒精和二氧化碳，酿造出美味的酒。在环境保护方面，生物反应器可用于废水处理，利用微生物的代谢作用去除废水中的有机物和有害物质，实现水资源的净化和再利用。

随着科技的不断进步，生物反应器的发展前景十分广阔。一方面，生物反应器将朝着智能化方向发展。通过集成传感器、控制系统和数据分析软件，实现对反应过程的实时监测和精确控制，提高生产效率和产品质量。另一方面，新型材料的应用将不断提升生物反应器的性能。例如，具有良好生物相容性和传质性能的纳米材料可以作为生物催化剂的载体，提高反应速率和选择性。此外，生物反应器的规模也将不断扩大，以满足日益增长的市场需求。从实验室规模的小型生物反应器到工业规模的大型生物反应器，都将在不同领域发挥重要作用。

可见，生物反应器作为生命科学领域的创新引擎，正在为生物过程的高效进行提供有力支持。随着技术的不断进步，它将在生物医药、食品工业、环境保护等领域发挥更加重要的作用，为人类的健康和可持续发展做出更大的贡献。

巩固与提升

1. 什么是膜催化反应器？膜催化反应器有哪些基本结构？
2. 举例说明膜催化反应器在工业中的应用。
3. 什么是膜生物反应器？简述其工作原理。
4. 列举几种典型的膜生物反应器。
5. 简述微反应器的概念和基本结构。
6. 微反应器的用途有哪些？
7. 简述微反应器的发展前景。

项目八　化学反应评价

项目介绍

在化工生产过程中，要想获得好的生产效果，就必须达到高效、优质、低耗、环保，由于每个产品的质量指标不同，其保证措施也不相同。对于一般化工生产过程来说，总是希望消耗最少的原料生产更多的优质产品。因此，如何采取措施降低消耗、综合利用能量，是评价化工生产效果的重要方面之一。

任务一　化工生产效果评价

学习目标

知识目标
1. 了解化工生产效果评价的主要指标。
2. 了解生产能力、生产强度对化工生产效果的影响。
3. 正确区别转化率、选择性和收率。
4. 了解化工生产效果评价的意义。

能力目标
1. 能分析出化工生产效果评价的主要指标。
2. 能正确分析生产能力、生产强度对化工生产效果的影响。
3. 能用表达式正确表达出转化率、选择性和收率。
4. 能合理分析转化率、选择性和收率对化工生产效果的影响。

素质目标
1. 培养较强的沟通能力、小组协作能力。
2. 培养安全、环保、质量意识。

任务介绍

在化工生产过程中，要综合考虑转化率、选择性和收率，这样才有助于确定合理的工艺指标，使化工生产做到清洁、环保和高效。

> **任务分析**
>
> 在本次任务中,通过查阅相关资料,参加小组讨论交流、教师引导等活动,掌握生产能力和生产强度的概念,合理分析转化率、选择性和收率对化工生产效果的影响。

> **相关知识点**

知识点一 生产能力和生产强度

一、生产能力

生产能力是指生产装置每年生产的产品量。在一定的工艺组织管理及技术条件下,所能生产规定等级的产品或加工处理一定数量原材料的能力。对于一个设备、一套装置或一个工厂来说,其生产能力是指在单位时间内生产的产品量或在单位时间内处理的原料量。

生产能力一般有两种表示方法:一种是以产品产量来表示,即在单位时间内生产的产品数量,如年产 50 万吨的丙烯装置表示该装置生产能力为每年可生产丙烯 50 万吨;另一种是以原料处理量来表示,此种表示方法也称"加工能力",例如,一个每年处理石油 300 万吨的炼油厂,即加工能力为每年可处理石油 300 万吨。

一般对于以化学反应为主的过程用产品产量表示生产能力,生产能力又可分为设计能力、查定能力和现有能力(计划能力)。这三种能力在生产中的用途各不相同,设计能力和查定能力主要作为企业长远规划编制的依据,而计划能力是编制年度生产计划的重要依据。

二、生产强度

生产强度指设备的单位特征几何尺寸的生产能力,例如单位体积或单位面积的设备在单位时间内生产得到的目的产品数量(或投入的原料量),单位是 kg/ (m^3·h)、t/ (m^3·d) 或者 kg/ (m^2·h)、t/ (m^2·d) 等。

生产强度主要用于比较那些相同反应过程或物理加工过程的设备或装置性能的优劣。某设备内进行的过程速率越快,则生产强度就越高,说明该设备的生产效果就越好。提高设备的生产强度,就意味着用同一台设备可以生产出更多目的产品,进而也就提高了设备的生产能力。可以通过改进设备结构、优化工艺条件,对催化反应主要是选用性能优良的催化剂,总之就是提高过程进行的速率来提高设备生产强度。

在分析对比催化反应器的生产强度时,常要看在单位时间内,单位体积(或者单位质量)催化剂所获得的产品量,亦即催化剂的生产强度,有时也称为空时收率。单位 kg/ (h·m^3 催化剂)、t/ (d·m^3 催化剂)、或 kg/ (h·kg 催化剂)、t/ (d·kg 催化剂) 等。

知识点二 转化率、选择性和收率

一、转化率

转化率是反应物料中的某一反应物在一个系统中参加化学反应的量占其输入系统的原料总量的比例,它表示了化学反应进行的程度。计算公式见式 (5-1) 和式 (5-2)。

化工生产过程中原料转化率的高低说明某种原料在反应过程中转化的程度。转化率越高,则说明该物质参加反应的越多。一般情况下,进入反应体系中的每一种物质都难以全部参加反应,所以转化率常小于100%。有的反应过程,原料在反应器中的转化率很高,进入反应器中的原料几乎都参加了反应。如萘氧化苯酐的过程,萘的转化率几乎在99%以上,此时,未反应的原料就没有必要再回收利用。但是在很多情况下,由于反应本身的条件和催化剂性能的限制,进入反应器的原料转化率不可能很高,于是就需要将未反应的物料从反应后的混合物中分离出来循环使用,一方面提高原料的利用率,另一方面可以提高反应的选择性。

二、选择性

一般说来,选择性是指体系中转化成目的产物的某反应物量占参加所有反应而转化的该反应物总量的比例,即参加主反应生成目的产物所消耗的某种原料量在全部转化了的该种原料量中所占的比例。在复杂的反应体系中,选择性是个很重要的指标,它表达了主、副反应进行程度的大小,能确切反映原料的利用是否合理,所以可以用选择性这个指标来评价反应过程的效率。从选择性可以看出,反应过程的各种主、副反应中主反应所占的比例。选择性愈高,说明反应过程的副反应愈少,当然这种原料的有效利用率也就愈高。

选择性计算公式见式(5-3)。

三、收率

收率亦称产率,是从产物角度描述反应过程的效率。泛指一般的反应过程及非反应过程中得到的目的产品占输入反应器的原料量的比例。

$$收率(y) = \frac{实际获得的目的产品量}{输入反应器的原料量} \times 100\% \tag{8-1}$$

对于一些非反应的生产工序,如分离、精制等,由于在生产过程中也有物料损失,致使产品收率下降。对于由多个工序组成的化工生产过程,整个生产过程可以用总收率来表示实际效果。非反应工序阶段的收率是实际得到的目的产品的量占投入该工序的此种产品量的比例,而总收率计算方法为各工序分收率的乘积。收率用 y 表示,用表达式表示为:

$$\begin{aligned}收率(y) &= \frac{目的产品实际产量}{以输入反应器的原料计目的产品理论产量} \times 100\% \\ &= \frac{反应为目的的产品的某种原料量}{输入反应器的该种原料量} \times 100\%\end{aligned} \tag{8-2}$$

收率、转化率及选择性之间的关系为:收率(y)=转化率(x)×选择性(S)。

【例 8-1】 A+B=C 反应前加入 10 份 A,反应后检测还有 1 份 A 存在,9 份 A 参与了反应,则反应的转化率为 $x=90\%$;参与反应的 9 份 A 中有 8 份 A 反应生成了 C,则反应的选择性为 $S=8/9$;可得收率=转化率×选择性($y=xS$) 即 $y=8/10=80\%$

【例 8-2】 已知丙烯氧化法生产丙烯醛的一段反应器,原料丙烯投料量为 600kg/h,出料中有丙烯醛 640kg/h,另有未反应的丙烯 25kg/h,试计算原料丙烯的转化率、选择性及丙烯醛的收率。

解 反应器物料变化如图所示

丙烯氧化生产丙烯醛的化学反应方程式:

$$CH_2=CHCH_3 + O_2 \longrightarrow CH_2=CHCHO + H_2O$$

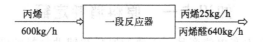

丙烯转化率

$$x = (600-25)/600 \times 100\% = 95.83\%$$

丙烯的选择性

$$S = (640/56)/[(600-25)/42] \times 100\% = 83.48\%$$

丙烯醛的收率

$$y = (640/56)/(600/42) \times 100\% = 80\%$$

思考：

转化率越高，化学反应效果越好；产率越高，化学反应效果越好；收率越高，化学反应效果越好。这种说法是否正确？

任务二　化学反应工艺技术经济指标分析

学习目标

知识目标

1. 了解工艺技术对化工生产效果的影响。
2. 了解原料消耗定额、公用工程的消耗定额对化工生产效果的影响。

能力目标

能正确分析化学反应工艺技术经济指标对化工生产效果的影响。

素质目标

1. 培养惜岗乐业、爱岗敬业的职业素养。
2. 培养良好的语言表达和文字表达能力。

任务介绍

工艺技术管理工作的目标除了保证目的产品的产量和质量外，还要努力降低物耗、能耗，以求获得最佳的经济效益，因此各化工企业都根据产品的设计数据和企业的具体情况在工艺技术规程中规定各种原材料和能量的消耗定额，作为企业的技术经济指标。如果超过了规定指标，必须查找原因，寻求解决问题的办法，降低消耗以达到生产强度大、单位产品成本低、产品质量高的目的。

任务分析

在本次任务中，通过查阅相关资料，参加小组讨论交流、教师引导等活动，认识在消耗定额的各个内容中，公用工程水、电、气和各种辅助材料、燃料等的消耗都影响产品成本，应努力减少消耗。其中最重要的是原料的消耗定额，因此降低产品的成本，原料通常是最关键的因素之一。

知识点一 原料消耗定额

所谓消耗定额指的是生产单位产品所需要的原料和辅助材料的消耗量（如：氯碱法制纯碱，含93%氯化钠的原料消耗定额1.600t/t）。动力消耗定额指生产单位产品所需要的水、电、气和燃料的消耗量。消耗定额越低，生产过程越经济，产品的单位成本就越低。但是消耗定额低到某一定值后，就难以再降低，此时的标准就是最佳状态。

如果将初始原料转化为具有一定纯度要求的最终产品，以化学反应方程式的化学计量为基础计算的消耗定额，称为理论消耗定额（用$A_\text{理}$表示），是生产单位目的产品时，必须消耗原料量的理论值，因此实际过程的原料消耗量绝对不可能低于理论消耗定额。在实际生产过程中，由于存在副反应，会多消耗一部分原料，在各个加工环节中也会损失一些物料，因此与理论消耗定额相比，自然要多消耗一些原料量。如果将原料损耗都计算在内，得出的原料消耗定额称为实际消耗定额。用$A_\text{实}$表示。实际消耗定额与理论消耗定额之间的关系为：

$$\left(\frac{A_\text{理}}{A_\text{实}}\right) \times 100\% = 1 - 原料损失率 = \eta \tag{8-3}$$

式中，η为原料利用率，是指生产过程中，原料真正用于生产目的产品的原料量占投入原料量的比例，说明原料的有效利用程度。

原料的损失率是指在投入原料中，由于上述原因多消耗的那一部分原料占投入原料的比例。

【例8-3】 乙醛氧化法生产乙酸，已知原料（纯度99.4%的乙醛）投料量为500kg/h，得到的产物（纯度98%的乙酸）量为580kg/h，试计算原料乙醛的理论消耗定额、实际消耗定额以及原料的利用率。

解 乙醛氧化法生产乙酸的化学反应方程式为：

$$CH_3CHO + 1/2O_2 \longrightarrow CH_3COOH$$

原料乙醛的理论消耗定额、实际消耗定额以及原料利用率为：

$A_\text{理} = (1000 \times 44/0.994)/(60/0.98)$ [kg 原料乙醛/t 成品乙酸]

$\quad\quad = 723.00$ [kg 原料乙醛/t 成品乙酸]

$A_\text{实} = [(1000 \times 500)/580]$ [kg 原料乙醛/t 成品乙酸]

$\quad\quad = 862.06$ [kg 原料乙醛/t 成品醋酸]

$\eta = (723/862.06) \times 100\% = 83.87\%$

生产一种目的产品，若有两种或两种以上的原料，则每一种原料都有各自不同的消耗定额数据。对某一种原料，有时因为初始原料的组成情况不同，消耗定额也不同，差别可能还会比较大。而且，在选择原料品种时，还要考虑原料的运输费用，以及不同类型原料的消耗定额的估算等，选择一个最经济的方案。

知识点二 公用工程的消耗定额

化工生产过程除需要原料外，还需要辅助材料，例如：水、电、气等，反应体系也不例外。公用工程是指化工厂的供电、供水、供热、供冷和供气等设施以及其他辅助设施，其设计和配置是否合理直接关系到化工运行和操作的安全，也关系到化工操作人员的健康和安全。

一、供水

化工生产过程的用水包括工艺用水和非工艺用水两类。工艺用水包括原料用水和产品处理用水,由于与产品直接接触,对其质量要求较高,有明确的浑浊度、总硬度、铁离子和氯离子含量等水质指标规定,一般需将原水经过过滤、软化、离子交换和脱盐等处理工序才能满足要求。非工艺用水一般用作冷却剂,为了节约用水,尽可能使用循环冷却水,即换热温度升高,再经冷水塔冷却后重新使用,为了防止结垢、沉渣、腐蚀管道等,对非工艺用水的硬度、酸碱度与铁离子、氯离子、硫酸根离子和悬浮物含量等有一定要求。

二、供电

化工厂生产用电最高为 6kV,安全电压为 12V 或者 36V,而输电网送入的为高压电,经过变压降压后才能使用。电能为化工过程提供热能、机械能和光能,电气设施在化工生产过程中起着重要的作用,并且供电必须根据化工生产的特点和用电的不同要求而供电,为了保证安全生产,对供电的可靠性有不同的要求,对特殊不能停电的生产过程应有备用电源设施。由于化工生产过程所固有的易燃、易爆、易腐蚀等危险性以及高温或者深冷、高压或真空等苛刻的操作条件,因此要求所有电气设备及电机均设有防爆和防静电措施,及建筑物、高大设备应有避雷设施。

三、供气

一般化工车间还需配有空气和氮气的气源。空气分为工艺空气和非工艺空气。工艺空气一般用作氧化剂,用之前要先通过除尘和精制等除去其中杂质,指标达到要求后才能使用;非工艺空气主要是作为原料、吹扫气、保安气、仪表用气等。氮气是惰性气体,可用于设备的物料置换、保气、保压等安全措施,要求纯度比较高。

四、供热

化工生产中的某些反应过程,蒸发、蒸馏、干燥和物料预热等都需要消耗热能,热能的供给一般是先用一次能源加热载体然后再通过载热体传递。饱和水蒸气(使用方便、加热均匀、快速、易控制)、高温导热油、热源烟道气、电加热等用于化工生产供热。供热条件在化工生产中也是不可缺少的,如用来加速化学反应,进行蒸馏、蒸发、干燥或物料预热等操作。根据工艺生产温度要求和加热方法的不同,正确选择热源,充分利用热能,对生产进程的技术经济指标有很大的影响。

五、供冷

化工厂为了将物料温度降到比水或者周围空气温度更低,需要消耗冷量,一般首先制冷,然后通过载冷体传递冷量。载冷体的选择应以温度要求而定,化工生产过程中常用的载冷体有四种:低温水用于常温以下、5℃ 以上物料的冷冻;盐水用于 0~-15℃ 范围内物料的冷冻;$CaCl_2$ 水溶液用于 0~-45℃ 范围内物料的冷冻;有机物(乙醇、乙二醇、丙醇、F-11 等)适用于更低的温度范围的物料冷冻。

各化工产品的工艺技术规程对所需使用的公用工程也与原料消耗定额一样,要规定每一项目的消耗定额指标,以限制公用工程的使用量。

降低消耗定额的措施如下：
① 选择性能优良的催化剂。
② 工艺参数控制在适宜的范围，减少副反应，提高选择性和生产强度。
③ 提高生产技术管理水平，加强设备检修，减少泄漏。
④ 加强操作人员责任心，减少浪费，防止出现事故。

技术经济指标一定要科学、合理，一定要符合本厂的实际情况。化工企业的原材料消耗定额数据是根据理论消耗定额，参考同类型的生产工厂的消耗定额数据，考虑本厂生产过程的实际情况得出。先进的技术经济指标是企业努力的方向，能否达到先进的技术经济指标要求，这与该企业的生产技术水平、管理水平、人员素质有很大关系。先进的生产技术、科学的管理方法和高素质的人才队伍是实现先进的工艺技术经济指标的有力保障。

化学反应效果衡量：转化率高，说明参加反应的原料多，但无法反映生成目的产物的多少；产率高，说明发生的副反应少，但无法说明参加反应的原料的多少；转化率高，产率也高，说明参加反应的原料多且参加主反应的原料多，反应效果好。

化工生产效果的衡量指标：产品的产量、产品的质量、化学反应效果和消耗定额等。

化学反应是化工生产过程的核心，其效果是取得好的化工生产效果的主要基础，此外，管理好每一个生产环节、减少物料损失，节约能源也是保证高产、低耗最佳生产效果的重要条件。

知识拓展

化工设备安全评价

化工设备是化学工业生产中所用的机器和设备的总称，包括各种反应器、塔、换热器、储罐、泵、压缩机等。这些设备在化工生产过程中起着重要作用，其安全运行直接关系到企业的生产效益和员工的生命安全。

化工设备安全评价具有严格的要求。首先，需要对设备的设计、制造、安装、运行等各环节进行全面评估，确保其符合相关标准和规范。其次，要对设备的材料性能、结构强度、密封性能等进行检测和分析，以判断其在各种工况下的可靠性。同时，还需考虑设备所处的环境因素，如温度、压力、腐蚀性介质等对设备安全的影响。在进行安全评价时，要注意数据的准确性和可靠性，采用科学的评价方法和技术手段。

进行化工设备安全评价时也有一些注意事项。一是要充分了解化工生产工艺和设备的特点，以便有针对性地进行评价。二是要重视设备的日常维护和保养，及时发现和处理潜在的安全隐患。三是要加强对操作人员的培训和管理，提高其安全意识和操作技能。四是要建立健全安全管理制度，明确各部门和人员的安全职责。

随着科技的进步，化工设备安全评价技术也在逐渐发展。一方面，评价方法日益科学和精准。例如，利用计算机模拟技术和大数据分析，可以对化工设备的运行状态进行实时监测和预测，提前发现潜在的故障和风险。另一方面，评价更加注重综合性和系统性。不仅要考虑设备本身的安全性能，还要考虑设备与整个化工生产系统的协调性和兼容性。此外，智能化技术也将在化工设备安全评价中得到广泛应用，如智能传感器、自动化检测设备等，大大提高了评价的效率和准确性。

化工设备安全评价是化工生产中不可或缺的重要环节。通过科学、严格的安全评价，可以及时发现和消除化工设备的安全隐患，确保化工生产的安全、稳定运行。

巩固与提升

一、填空题

1. 生产能力一般有两种表示方法，分别是以_____和_____来表示。
2. 生产能力分为_____、_____和_____。
3. 评价化学反应效果的指标有_____、_____和_____。
4. 动力消耗定额是指生产单位产品所需要的_____、_____、_____和_____。
5. 影响产品成本的因素有很多，其中最重要的是_____的消耗定额。
6. 化工生产过程的用水包括_____和_____两大类。
7. 工艺用水由于与产品直接接触，因此对其质量要求较高，有明确的_____、_____、_____和_____等水质指标规定。
8. 非工艺用水一般用作_____。
9. 化工厂生产用电最高为_____，安全用电为_____或_____。
10. 化工厂的空气一般分为_____和_____。
11. _____是惰性气体，可用于设备的物料置换、保气、保压等安全措施，要求纯度比较高。
12. 化工生产中常用的载冷剂有_____、_____、_____和_____四种。
13. _____、_____、_____、_____等用于化工生产供热。

二、选择题

1. 下列不属于生产能力的是（　　）。
   A. 设计能力　　B. 查定能力　　C. 现有能力　　D. 核定能力
2. 催化剂的生产强度，有时称为空时收率，其单位表示不正确的是（　　）。
   A. kg/（h·m³催化剂）　　　B. t/（d·m²催化剂）
   C. kg/（h·kg催化剂）　　　D. t/（d·kg催化剂）
3. 能反映化学反应进行程度的指标是（　　）。
   A. 转化率　　B. 选择性　　C. 收率　　D. 空时收率
4. 下列（　　）能正确表达收率、转化率和选择性三者的关系。
   A. 转化率＝收率×选择性　　　B. 收率＝转化率×选择性
   C. 选择性＝$\dfrac{转化率}{收率}$　　　D. 选择性＝收率×转化率
5. 化工厂生产用电最高为（　　），安全电压为（　　）或（　　）。
   A. 6kV、12V/36V　　　B. 12kV、6V/36V
   C. 36kV、12V/36V　　　D. 6kV、12V/6V

三、判断题

1. 生产能力和查定能力主要作为企业长远规划编制的依据，而计划能力是编制年度生产计划的重要依据。（　　）
2. 某设备内进行的过程速率越快，则生产强度就越高，说明该设备的生产效果就越好。（　　）

3. 一般情况下，进入反应体系中每一种物质是难以完全参与反应的，所以转化率往往是小于100%的。（   ）
4. 收率和选择性、转化率成正比。（   ）
5. 生产一种目的产品，若有两种或两种以上的原料，则每一种原料都有各自不同的消耗定额数据。（   ）
6. 输电网送入的往往是高电压，因此要经过降压后方可使用。（   ）
7. 热能的供给一般是先用一次能源加热载体，然后再通过载热体传递。（   ）
8. 加强对化工工艺安全进行评定，是确保化工生产安全进行的一个重要手段。（   ）
9. 不断对风险评价手段进行优化，加强对设备的安全管理，是降低安全事故发生的最佳途径。（   ）
10. 在化工生产过程中，要想获得好的生产效果，就必须达到高效、优质、低耗、环保，由于每个产品的质量指标不同，其保证措施也不相同。（   ）

四、思考题
1. 何谓生产能力？生产能力评价指标在化工生产过程中的评价作用主要体现在哪些方面？
2. 何谓生产强度？生产强度评价指标在化工生产过程中的评价作用主要体现在哪些方面？
3. 何谓空时收率？
4. 何谓转化率？说明转化率数学表达式的含义。
5. 提高反应物料的转化率的措施有哪些？
6. 何谓选择性？说明选择性数学表达式的含义。
7. 提高反应选择性的措施有哪些？
8. 何谓收率？说明收率数学表达式的含义。
9. 提高目的产物产率的措施有哪些？
10. 收率、转化率和选择性三者之间具有什么关系？
11. 企业的技术经济指标主要包括哪些？
12. 何谓消耗定额？
13. 影响产品成本的因素主要包括哪些？
14. 正确区分理论消耗定额和实际消耗定额。两者的关系是什么？
15. 何谓原料利用率？说明原料利用率的数学表达式的含义。
16. 何谓原料损失率？
17. 公用工程是指什么？
18. 为了能使工艺用水和非工艺用水满足工业生产的要求，一般分别对其做什么样的处理？
19. 影响化学反应效果的因素主要有哪些？
20. 针对如何提高化学反应效果的问题，谈谈你的想法。

参考文献

[1] 朱炳辰. 化学反应工程. 5版. 北京：化学工业出版社，2013.
[2] 陈炳和，许宁. 化学反应过程与设备. 4版. 北京：化学工业出版社，2020.
[3] 丁晓民. 化学反应过程与操作. 北京：化学工业出版社，2015.
[4] 刘承先，文艺. 化学反应器操作实训. 北京：化学工业出版社，2005.
[5] 陈甘棠. 化学反应工程. 4版. 北京：化学工业出版社，2021.
[6] 杨雷库，刘宝鸿. 化学反应器. 3版. 北京：化学工业出版社，2012.
[7] 朱洪法，刘丽芝. 石油化工催化剂基础知识. 2版. 北京：中国石化出版社，2010.
[8] 周波. 反应过程与技术. 北京：高等教育出版社，2006.
[9] 丁百全，房鼎业，张海涛. 化学反应工程例题与习题. 北京：化学工业出版社，2001.
[10] 廖晖，辛峰，王富民. 化学反应工程习题精解. 北京：科学出版社，2003.
[11] 陈群. 化工仿真操作实训. 3版. 北京：化学工业出版社，2014.
[12] 苗顺玲. 化工单元仿真实训. 北京：石油工业出版社，2008.
[13] 李玉才. 化学反应操作. 北京：化学工业出版社，2015.
[14] 罗康碧，罗明河，李护萍. 反应工程原理. 北京：科学出版社，2005.
[15] 王承学. 化学反应工程. 2版. 北京：化学工业出版社，2015.
[16] 王凯，虞军. 搅拌设备. 北京：化学工业出版社，2003.
[17] 赵杰民. 基本有机化工工厂装备. 北京：化学工业出版社，1993.
[18] 金涌，祝京旭，汪展文，等. 流态化工程原理. 北京：清华大学出版社，2001.
[19] 王正平，陈兴娟. 精细化学反应设备分析与设计. 北京：化学工业出版社，2004.